JN089343

辺野古裁判と
沖縄の誇りある自治

検証 辺野古新基地建設問題

紙野健二・本多滝夫・徳田博人 編

自治体研究社

はじめに

紙野健二 （名古屋大学名誉教授）

　本書は、沖縄県下のいわゆる辺野古新基地建設問題のうち、直接的には大浦湾側の埋立変更計画の承認申請に対し沖縄県がした不承認につき、国がこれをくつがえすのみならず、県に承認せよと迫ってきたのに対する訴訟を念頭においたものである。この訴訟も紆余曲折を経て 2023 年 3 月 16 日に福岡高裁那覇支部の判決があり、県がこれを不服として上告をしたのでほどなく最高裁判決があるものと思われる。その意味でこの訴訟は最終段階を迎えているのである。

　去る 4 月 22 日に、私たち辺野古訴訟支援研究会は那覇市内で集会・シンポジウムをもち、そこでの報告と討論における発言を第 1 部とし、この日を迎えるまでのほぼ 1 か月の間に沖縄県の 2 紙に連載寄稿された論稿を第 2 部の「検証」あるいは「論点」として本書に収録している。率直に言って法律専門用語も多く難解な箇所もあろうが、それは、何よりも相手方当事者である国の代理人、その下請け仕事を請け負う官僚や担当裁判官をも意識して書かれているからである。なにとぞご理解いただきたい。

　この上告審判決は予断を許さないといいたいところであるが、残念ながら必ずしもそうとはいえない。辺野古訴訟のこれまでの判決は、問題をすりかえたり、審査を回避したり、いたずらに国の主張に追随するのみであったりしているのが哀しい現実なのである。これまでこの国の司法は問題を真摯に解決する姿勢に欠け、やみくもに基地建設を進める政府と歩調を合わせるものであったといわざるをえないので

ある。それを正当化するもっともらしい理屈立ては得意とするところであろうが、詳しくは本書の諸論稿にゆずることとする。

　ところで、沖縄では基地問題がいつからの問題かと問うのは失礼であろう。しかし、まったく何の知識もない方が沖縄にも、いわんや全国にいるのも事実である。それは日本の敗戦に始まり1972年の「返還」を境にして法的に深刻化し、いわゆる辺野古埋立てをめぐって形を変えさらにこれが複雑化してきたのである。誤解のないように願いたいが、国は憲法95条に基づき特別法を定め、基地建設を県民の意思によるという手順をとれば、それなりにすっきりするのであろう。ではなぜそうしないのか。賛成が得られるわけがないからである。民意がどこにあるか、国はそれを知り尽くしているからこそ、沖縄県の公有水面埋立法上の承認権限の簒奪という形をとったのである。その意味で行政不服審査法や地方自治法の恣意的な運用を通じて、法治主義と地方自治をないがしろにしたのである。国は訴訟での主張を国民一般に説明することなど及びもつかないであろうが、驚くべきことに裁判所はこれをほぼ追認してきているのである。「結論ありき」ともいわれるゆえんである。

　本書はこの2023年の時点において、国の乱暴で恣意的な辺野古新基地建設に抗し沖縄県の立場を支援する学者、実務家らが集って作成したものである。いずれも現場でのリアル感に満ちたものであり、熱気が冷めやらぬまま短時間の間に急いで文字にしていただいた。本書をもって最高裁に争点についてのまっとうな判断を強く求める一方で、教養書として、法律学を学ぶ学生諸君にとって、また専門家を招いての学習会の格好の教材となることを心から祈りたい。

[目次]

辺野古裁判と沖縄の誇りある自治
—検証　辺野古新基地建設問題—

はじめに　紙野健二　　3

第1部　［シンポジウム］辺野古裁判と誇りある沖縄の自治……9
　　　　　―裁判の今とこれから―

　〈開会〉　総合司会・白藤博行

　　開会のあいさつ　徳田博人　　11

　　共催のあいさつ　高里鈴代　　14

　基調報告1　変更不承認処分についての高裁判決の
　　　　　　　問題点と最高裁への展望　加藤　裕　　17

　基調報告2　辺野古問題と司法　紙野健二　　33

　パネルディスカッション　コーディネーター・本多滝夫　　43

　報告1　辺野古新基地、高裁判決の問題点　立石雅昭　　44
　　　　　―軟弱地盤と耐震設計の検証なし―

　報告2　住民の抗告訴訟について　川津知大　　55

　パネルディスカッション　　63

　　加藤裕／立石雅昭／川津知大／紙野健二／岡田正則

　知事スピーチ　これから辺野古問題にどのように立ち向かうか
　　　　玉城デニー　　73

　〈閉会〉

第2部　検証　辺野古新基地建設問題………………………………77

　第1章　辺野古裁判の経過　前田定孝　　79

　第2章　ずさんな辺野古新基地埋立て計画　立石雅昭　　104
　　　　　―軟弱地盤対策と耐震設計の不備―

　第3章　辺野古裁判の検証と論点　　124

　　1　辺野古裁判の検証　　126

　　　1　法解釈の恣意的な変更について　人見　剛

　　　2　自治体の出訴権と国の機関の審査請求資格について　岡田正則

　　3　裁決的関与の濫用と関与の不当連結について　白藤博行

　　4　最高裁の地方自治の理解について　本多滝夫

　　5　行政の調査義務と民主的法治国家の原則　徳田博人

　2　3.16福岡高裁判決の論点　142

　　1　判決のバックボーン　本多滝夫

　　2　変更承認の審査基準　榊原秀訓

　　3　変更承認審査時の環境保全配慮の水準　山田健吾

　　4　「固有の資格」──変更許可と変更承認の規律の差異　大田直史

　　5　裁決的関与と是正の指示の一体的行使　本多滝夫

　　6　辺野古裁判の真の争点「法は誰のためにあるのか」　徳田博人

第4章　住民たちの辺野古裁判　川津知大　156

第5章　辺野古県民投票と沖縄の自治　武田真一郎　171
　　　　─県民投票の結果は活かされているか─

おわりに　徳田博人　181

資料編

　最高裁判所第1小法廷2022（令和4）年12月8日判決
　　（全文）　187

　福岡高等裁判所那覇支部2023（令和5）年3月16日判決
　　（骨子）　191

　訴訟の経過　194

　訴訟関連年表　196

第1部

シンポジウム

辺野古裁判と誇りある沖縄の自治
―裁判の今とこれから―

日時：2023 年 4 月 22 日（土）　14：00〜16：30
会場：琉球新報ホール

［注記］第 1 部は、上記の日程・会場にて開催された同名のシンポジウム（辺野古訴訟支援研究会主催、オール沖縄会議共催）の記録を基に再編集したものである。

シンポジウム会場（前田定孝撮影）

総合司会 ● 白藤博行 （専修大学名誉教授）

　ハイサイ、こんにちは。今日は総合司会を担当いたします。専修大学名誉教授の白藤博行と申します。よろしくお願いします。

　辺野古訴訟は残念ながら、新聞報道等で伝わっているように沖縄県の敗訴が続いております。沖縄県の皆さんは満腔の怒りをもってこれをご覧になっているでしょう。しかし、胸の破ぶるる思いを秘めて、心鎮めて抗がう日々が続いていることかと思います。

　今日は、国が、裁判所も含めて、理不尽な振る舞いをしていることに関して、「辺野古訴訟支援研究会」のメンバーを中心に問題点を明らかにし、そして、最後には知事の決意等をお聞きする機会としたいと思います。最初にこの会を代表いたしまして、琉球大学教授・徳田博人さんからご挨拶を申し上げます、よろしくお願いします。

開会のあいさつ

徳田博人 （琉球大学教授）

　みなさま、こんにちは、ただいま紹介にあずかりました、「辺野古訴訟支援研究会」で事務局を担当しております徳田といいます。本日はご多忙のなか、このシンポジウム「辺野古裁判と誇りある沖縄の自治—裁判の今とこれから—」にご参加していただき、誠にありがとうございます。本シンポジウムにご参加いただいているみなさまはもうすでにご存じかもしれませんけれども、このシンポジウムの背景や企画

の趣旨について簡単ではありますけれども、まずご説明させていただきます。

　日本政府は少なくても、辺野古埋立てを強行開始した直後、つまり2017年1月には大浦湾海底に軟弱地盤が存在し、かつ、本事業区域内に2本の活断層が発見されたにもかかわらず、科学的な根拠に基づかない技術的にも完成可能かさえ疑問視されている埋立工事を強行しております。このような状況に対して沖縄県民は繰り返し、辺野古新基地反対の意を表明し、2019年には県民投票によって、明確に辺野古新基地建設を否定いたしました。しかし、日本政府は沖縄の民意を黙殺し、県民投票の直後にでさえ、辺野古への土砂投入を強行し続けました。なぜ、政府は沖縄の県民投票の直後に土砂投入を強行して民意を黙殺するのか。なぜ、軟弱地盤の存在が明らかになっても工事を強行するのか。なぜ、沖縄県知事の権限である埋立承認撤回や変更不承認に私人になりすましてでも関与できるのか。これらどれ一つとっても地方自治を破壊する政府の蛮行であると、私は思っております。地方分権改革の柱と言われた国地方係争処理委員会や民主主義の砦となるべき裁判所が政府のこのような蛮行、地方自治を侵害する行為を、なぜ許しているのでしょうか。法や政治はだれのためにあるのか、われわれのもの、われわれのためにあるはずです。しかし、現実の法の運用は、それとは真逆の方向で動いている。そのようなことに対して私たちは強固な意思で断固として、反対の意を表明し続けることが大切です。

　辺野古から問われているこれらの疑問や問いは、沖縄に限定されない普遍的な問い、疑問であり、日本社会に向けて発せられた問いだと理解しております。辺野古訴訟支援研究会は、このような政府の蛮行に対して翁長雄志県政や玉城デニー県政による数多くの法律上の争訟、国地方係争処理委員会での争い、裁判所の場での争い、そういったと

ころで沖縄県とともに闘い、支援してまいりました。その際、さまざまな状況下で、また、法的に厳しい状況であっても、どのような法的対応が考えられるのかなど、月一回、沖縄県と検討会などを開き続けております。

2022年12月に沖縄県と辺野古訴訟支援研究会との検討会において、この埋立行為が行われる法的根拠となる法律は、公有水面埋立法という法律であり、その仕組みの中にあって、変更不承認決定は知事に与えられている最も強力な権限として最終的な手段であると確認しました。

この埋立変更不承認決定をめぐる裁判は、今年（2023年）3月16日に高裁判決が下され、最高裁判決も早ければ6月下旬あるいは7月の半ば頃、遅くても8月下旬に判決がでるのではないかと想定しており、まさに今は緊迫した状況にあるという認識で、このシンポジウムの準備を進めてまいりました。

このような緊迫した状況において沖縄県は裁判による法的闘争に加えて、県民の心を一つにして、新基地建設反対の意思を強固なものにしながら、沖縄県の変更不承認決定の適法性・正当性、言い換えますと、政府の蛮行の実態や法的問題点を全国民に訴え、全国民からの理解も得る必要があると思っております。司会者の白藤先生は私に研究会のたびに、あるいはメールで、「今やれることをとにかくやらないといけない、後悔してはならないぞ、本気度を見せないといけないぞ」ということを繰り返し、繰り返し伝えてきました。そのことを受けて、みんなでこのシンポジウムを準備してまいりました。

したがいまして、本シンポジウムは2023年3月16日の高裁判決を受けて、最高裁判決に向けて沖縄の自治・民主主義を守る裁判とするために最高裁判所に求めるべき事柄を明らかにし、また、私たちに何ができるのかをともに考え、さらに辺野古不承認をめぐる裁判を支援

する全国的な運動を展開するスタートとしたいと思っております。本シンポジウムがスタートです。スタートすること自体が、一つの大きな目的となっております。

　以上の趣旨から本シンポジウムは3月16日の高裁判決の問題点を法的にも科学的にも明らかにし、そして、あるべき司法の姿について、あるいは司法の対応について考えていく、そういう骨子となっております。そして最後に、玉城知事に本シンポジウムを受けて、最高裁判決に向けて知事の思いを語っていただきたいと考えております。

　以上が本シンポジウムの背景と企画趣旨であります。これをもって、主催者挨拶にかえさせていただきます。どうもありがとうございました。

総合司会 ● 白藤

　はい、どうもありがとうございました。それでは引き続きまして、オール沖縄会議共同代表の高里鈴代さんから共催者としてのご挨拶を頂戴いたします。よろしくお願いいたします。

共催のあいさつ

高里鈴代（オール沖縄会議共同代表）

　みなさま、こんにちは。共催者としてのオール沖縄を代表してご挨拶をいたします。本日は辺野古、辺野古問題の支援団体である研究会が、このように開催を計画してくれました。そして、そこにオール沖縄としても共催として今日は参画をしております。

　先日の新聞報道（沖縄タイムス）によると、衆議院の安全保障委員会

（4月18日）において、沖縄選出の新垣邦男議員の質問に対して、浜田靖一防衛大臣が沖縄の辺野古の海側の埋立ては92％達成をしていて、事業全体では14％であると答え、その進捗状況は十分であるとの認識を示したということです。

　さらに加えて、「これからさらに進めていくのに当たっては地元の理解を得つつ、進めていく」ということです。本当にただの一つ覚えですね。辺野古は唯一ということが繰り返し、繰り返し、言われているのです。辺野古新基地建設について、沖縄の3回の知事選で私たちは「ノー」を突きつけ、また県民投票においても明確に辺野古新基地建設は「ノー」であるということを表明しています。

　けれどもそれを全く無視して、裁判においても敗訴させる。まあ、この国の姿勢というのは、アメリカと約束したことは、何が何でも守らなければいけない、守っていくのだという強い強い決意なんでしょうか。

　私は、毎週水曜日、指揮者として辺野古の座り込みに参加しております。最近になって、防衛局の職員の態度に変化が出てきました。従来は民間の警備の人たちの背後、ゲートの後ろ側にいました。その職員がメガホンを持って表に出てきて、座り込みをしている住民と民間警備員の間に入り込んできました。そして、メガホンを持って、立て続けに「カラーコーンを撤去してください。カラーコーンを撤去しないと危ないですよ。交通安全に注意してください」と言うようになりました。ついこの間からのことなのです。これは、国の姿勢をある意味では反映しているのかなとも思います。

　けれどもカラーコーンは、座り込みをしている私たちの身の安全を守るためのものです。身を守るために、カラーコーンをちょっと置きます。その前には「バリロード」があります。バリロード（合成樹脂製の交通規制材）というのは、高速道路などの交通規制をやるときに使

うものです。このバリロードを、私たちを排除するために置いているのです。私たちは身の安全を守るためにカラーコーンを置く。ならば、このバリロードをまず撤去してください、と私たちは防衛局に声をかけています。

　いま、辺野古座り込みの場所に、監視カメラがいくつも設置されています。それから名護市安和、本部町塩川にも、掲示板がどんどん出され、市民に敵対する、市民を排除しようとしています。

　まさに国は、決めたことを何としてでも通す。裁判でも、具体的な日常の座り込みに対しても、明確に強い強い姿勢でそれを排除しようとしていることが感じられます。

　いま、復帰50年をもう1年越えましたね。そして、先島の島々が自衛隊の配備によって、あたかも78年前に逆戻りするかのようです。沖縄の住民とっては、沖縄がまた戦場化されていくのではないかという危機感もあります。

　本日のシンポジウムを、この沖縄を再び戦場にしないために、戦場で命が失われないために、そして、新たな辺野古新基地の建設に明確に反対である、という意思をもっともっと明確にしていくためのものとしたいと思います。そのために、この会場を、法的、あるいは学術的、科学的な示唆が与えられる場所として、私たちは多くを学び、しっかりと立って、がんばっていこうではありませんか。本日はどうもありがとうございました。

総合司会 ● 白藤

　それでは引き続き、基調報告の第1といたしまして、辺野古訴訟で県の弁護団の弁護士である加藤裕さんの方から「変更不承認処分についての高裁判決の問題点と最高裁への展望」と題したご報告を頂戴いたします。よろしくお願いします。

基調報告1

変更不承認処分についての高裁判決の問題点と
最高裁への展望

加藤　裕（弁護士）

　こんにちは、弁護士の加藤です。私からは、変更不承認処分に関わる上告受理申立て中の訴訟について、その内容をご紹介して最高裁への展望を少しお話しをさせていただきます。どういう裁判なのかというお話しをした上で、その争点を紹介し、判決の展望に触れることとします。

1　国の2つの関与

　まず、いま、何が問題の対象となっているかということです。玉城デニー知事が変更承認申請に対して不承認処分をすることによって、大浦湾の工事はできず、これはもう、辺野古の基地は100パーセントできないということになります。ですからこれをひっくり返して、変更承認処分をさせて大浦湾の工事を進めるというのが、今の国の対抗手段です。

　そのために何をやったのかというと、まず、沖縄防衛局が行政不服審査請求をやり、それに基づいて国交大臣が知事の不承認処分を取り消す裁決をしたということです。通常であれば、国交大臣が不承認処

分を取り消すということをしても、都道府県と国交大臣の間は全く主体が異なり、かつ国と地方公共団体は独立した関係にありますので、国が玉城知事にかわって、承認処分をすることができません。そうすると、知事の元に戻って、知事が改めて変更承認申請に対する処分をやり直すということをしなければいけません。ですから、国交大臣が裁決で知事の処分を取り消したからといって直ちに工事ができるわけではないのです。

　普通であれば、それでも知事が承認処分をしない場合には、その事業をやろうとしている主体は、行政訴訟を起こして承認処分を義務づけさせる判決を得ます。これによって、工事が再開できる、これが真っ当な手続なのです。しかし、国はそういう手続をとると時間がかかるということで、これをショートカットするために２つ目の手続をしたわけです。つまり、裁決をして不承認処分を取り消した後に国交大臣が公有水面埋立法を所管する大臣として、県知事の公水法による行政行為には違法があるとの理由で知事に対して承認処分をせよという是正の指示を行ってきました。

　これは地方自治法上の根拠がある手続ではあるわけですが、一般的なことを申し上げますと、例えば事業者が都道府県や市町村から不利益な処分を受けて、それを裁判所で争うというようなときに、その法律を所管する国が、その事業者個人のために、わざわざ裁判等で争っているところに上から出てきて、みずからの権限を行使して、その行政機関、市町村や都道府県に対して、その事業者のための処分をせよ、という介入をしてくることはあり得ないわけです。それは当事者同士で争えばいいわけです。その不利益処分を受けた事業者とその地方公共団体の間の裁判で、事業者の言い分が適正であれば裁判でひっくり返ってその利益が守られる。それが、本来の救済システムなわけです。

　にもかかわらず、国が事業者で不利益処分を受けたからといって、

所管大臣がたった一つの都道府県知事の処分に対して所管大臣、監督者として介入をして、処分しろと言ってくることは異常な事態です。これは先ほども申し上げたとおり、国交大臣は行政不服審査で不承認処分を取り消す裁決をする権限はあれども、知事が承認処分をするかどうかというのは、また知事のもとにボールが戻ってくるために国交大臣がみずから承認処分ができないという仕組みになっているからこそ、こういう命令をしてくるということがあったわけです。

それで、この２つの介入行為について、今、県知事が裁判を起こしているわけです。

② 国の自治体への違法な関与を争う ２つの訴訟（地方自治法）

地方自治法上は、国が地方公共団体に違法な関与をした場合には、その関与の取消しを求める訴訟ができるという特別な規定があります。これに基づいて、高等裁判所に、この２つの国の関与は違法だから取り消せという裁判を起こしています。福岡高裁那覇支部で2023年３月16日に国の言い分を認める判決を言い渡しました。そして、去る４月10日に上告受理申立理由書を提出したところです。ところで、最高裁というのはすべての裁判の争点を争えるわけではなくて、非常に限定された論点、法律論しか、上告の理由とすることはできません。

そこで私たちは、今回の事件は公有水面埋立法や地方自治法の解釈にかかわる重要な問題が含まれているということで、これらの法律上の重要な論点を最高裁は判断しろということで、上告受理の申立てをしているのです。

3　最高裁の審理へ

　いまの段階では、高等裁判所から最高裁へこの裁判記録を送って間もなく私の事務所に最高裁判所から記録が高裁から届きました、という通知文書が届くと思います。

　それから最高裁の審理がスタートします。従来もこういう形式の国の関与の取消しを求める裁判を沖縄県は辺野古でいくつか経験したわけですが、この国の関与に関する国と地方公共団体との裁判には特別な規定があり、通常の裁判よりも迅速にやるように定められています。最高裁への普通の上告事件だと1年2年かかってもおかしくないのですけれども、これまでのこの国の関与に関する訴訟での最高裁の判決は3か月から4か月余りぐらいの間で出ているというのが、これまでの沖縄県の係争です。ですから、予測としては、夏前後には最高裁の判決がなされる可能性があるという状況です。さて、われわれは何を最高裁に申立てをしているのか、あるいは最高裁で勝てる見込みがあるのかどうか、どこがおかしいのかなどの関心があると思います。上告受理申立て理由書にある6項目をレジュメに書いていますので、次に簡単に説明していきます。

4　何が問題か―本訴の争点

1）埋立変更承認申請に係る処分は国「固有の資格」に
　　基づいて受けたものか
　1番目は、埋立変更承認申請に係る処分は、国固有の資格に基づいて受けたものかどうかということです。「私人なりすまし」ということばを今まで耳にされたと思います。まさにこの論点です。今回、沖縄

本訴の争点

争点1	埋立変更承認申請にかかる処分は国「固有の資格」に基づいて受けたものか
争点2	国の権限濫用行為
争点3	災害防止要件（公水法4条1項2号）の判断
争点4	環境保全要件（公水法4条1項2号）の判断
争点5	国土利用上適正合理的要件（公水法4条1項1号）
争点6	変更承認申請の「正当事由」（公水法13条の2）

　防衛局は行政不服審査請求という手続を使って知事の処分をひっくり返すという挙に出ました。では、この行政不服審査請求はどういう制度かというと、国民の権利利益を迅速に救済するために設けられた特別な制度です。裁判に訴えるまでもなく、行政機関に救済の申立てをすれば、裁判よりも早く救済をしてあげよう、これが行政不服審査請求であって、だからこそ救済対象は国民の権利利益ということになっているのです。そうなると、国が処分を受けた場合に行政不服審査請求はできるのかというのが問題になります。

　国が地方公共団体から行政処分を受けるということも、もちろんあります。ただ、その場合に行政不服審査請求を用いることができるかどうかは、わかりやすくいうと国や地方公共団体が、その受けた行政処分では民間の場合、私人と同じような扱いを受けている、その処分に至る申請の手続や要件それからその処分によって得られる効果、そういった処分にかかわる一連の規律に関して、私人と同じように扱われているのであれば、国や地方公共団体でも、それは私人と異ならないので、行政不服審査請求できる、となります。ただし、国や地方公共団体が、私人と同じような手続をしているようには見えるけれども、実はそこで得られる処分というのは、私人とは異なる特別な地位が得られるものである、ないしは、特別な手続が用意されている、その他、私人とは異なる地位にあるのであれば、行政不服審査請求をすることはできない、となっています。こういう場合を、国などがその「固有

の資格」に基づいて受けた処分といいます。

　公有水面埋立法では、国が処分を受ける場合には承認処分、その他が受ける場合には免許処分ということになっていますが、この公有水面の埋立てについて国は特別な扱いがされています。民間や地方公共団体と違って、例えば、一旦、承認や免許を受けた後に民間等はその都道府県知事の監督を受けます。これに対して国が承認処分を受けた場合には、都道府県知事の監督はもう受けません。埋立てが完了した後についてみると、国以外の場合には、竣工しましたということで、その認可を都道府県知事から受けなければいけません。

　他方で国の場合は、工事が完了したら、完了しましたという通知をするだけでその土地の所有権を得ることができます。このようにさまざまな違いがあり、国に特権があるのです。だから、公有水面埋立てに関しては、本来国は行政不服審査請求を使えるような私人と同じ立場にはないはずです。

　しかし、前回2020年の最高裁判決は埋立承認処分については、国と私人とは同じだという判決をしてしまいました。それはどうしてかというと、いま私が申し上げた、国は都道府県知事の監督を受けないとか、埋立てが完了したときに通知をするだけで足りるだとか、そういった特権があるのは、埋立承認処分を受けた後のものであって埋立承認処分や免許の処分を受ける段階の規律は民間でも国も同じなのだと、要するに最初にスタートという段階だけを取ってみると国も私人も免許や承認の要件は同じだし、承認とか免許で得られるのは埋立てできるという地位だけであり、同一でしょう、だから、その後にいろいろ国に特権的な手続があったとしても関係ありません、というのが最高裁の判決でした。

　それでは翻って考えてみると、今回の埋立変更承認処分というのは、もう埋立てがスタートした後の手続なのです。スタートする段階での

規律は一緒だから、国も私人と同じだと最高裁はいったのですが、スタートした後の変更承認の段階では、もう国は特権的な立場に入っているわけです。

変更承認手続においても私人と国の場合は違います。私人の場合は、あらかじめ定められた期間を超えて埋立てをしようとする場合には、その変更の許可を受けなければいけません。しかし、国の場合は、一旦承認を受けてスタートすれば、その期間については何の制約もありません。ですから、埋立変更をしようとする場合には、もう国は特権的な地位に突入しているわけです。最高裁が前回沖縄県を負かせた理屈というのは、逆に、今回沖縄県を勝たせる理屈になるというのが基本的な最高裁の判決の論理の帰結ではないか、といえます。

ところが、高等裁判所はこういった違いについて強引な解釈をして違いを否定しました。すなわち、期間の延長については、私人については確かにこういった規制があり、国については規制がないという違いを認めながら、その期間の延長についての私人の変更許可の手続というのは、利権屋などを排除するための限定的な制度なので、大した意味がないのだ、私人の事業での期間延長の場合の許可手続が国と違うのは、小さな違いなので、結局その違いは無視してよい、だから国と私人は同じだ、という非常に無理のある議論をしてしまいました。

やっぱり、この理屈は国を勝たせるためだけに屁理屈をいっているのだと私たちは思っていますし、最高裁の論理に従えば今回の変更承認については、行政不服審査請求を使えないことになり、国の主張の土台が掘り崩されます、というのが、私たちの主張です。この論点で勝てば、そもそも国交大臣が知事の処分を取り消したこと自体が違法無効になります。これが第1です。

2) 国の権限濫用行為

　2つ目は、国の権限濫用、プレーヤーとアンパイアが同じ人だという問題です。行政不服審査請求では沖縄防衛局という国の機関が請求をして、国交大臣という国の機関が裁決をしています。辺野古唯一と彼らはいっているわけですから、結果が見えているじゃないか、こんな権限の濫用はないでしょう、ということが一つの大きな論点です。

　裁判所はこれまで、沖縄防衛局は私人の資格と同じなのだから当然、行政不服審査請求できる地位にありますよ、国交大臣は所管大臣なのだから是正の指示をできる権限がありますよ、そういった権限を好き放題に使っても、それは法律に書いてあるのだから問題ない、と判断してきました。しかし、権限の濫用というのは、法律に書いてある権限を行使しているのだから濫用にはならないという議論ではありません。

　法律に書いてあるからやっている、というのが度が過ぎた場合には濫用として違法になるというのが、その法的な議論なわけです。これまで国がやってきた仕組みというのは、行政不服審査請求による裁決という手続と、上から所管大臣が命令する是正の指示を一番都合の良いように組み合わせてきました。

　翁長（雄志）さんの承認処分取消処分のときも、謝花（喜一郎）さんの撤回処分のときも、サンゴに関する採捕許可手続のときもこの2つを国の都合で使い分けてきました。行政不服審査請求による裁決と所管大臣としての是正の指示では得られる効果が違います。その得られる効果の中で国にとって一番適切と思われるものを自由に選んでやるわけです。

　これを、国と所管大臣、そして沖縄防衛局という事業者が調整しあって、お互いが一番やりやすいような仕組みを利用するよう通謀してやっているとしかいいようがありません。都道府県知事の処分を覆す

ために、処分を受けた事業者と政府が一体となって手続選択をしていくことは考えられない事態です。だからこそ、権限の濫用であって、その実態を見なければいけない。これが濫用行為の問題です。

3) 災害防止要件（公水法 4 条 1 項 2 号）の判断

　それから 3 番目から 5 番目では、知事が埋立不承認をしたのは当然であり、変更承認処分の要件は満たされていませんということを主張しています。このうちの災害防止要件についてみてみましょう。これは最初に埋立てを始めるときも、埋立てを変更し、その変更の免許や承認を得るときにも必要な要件です。

　ここで知っておいてほしいことなのですが、この要件を充足しているか、していないかという判断は、この要件自体が非常に抽象的な要件であるために判断の幅が広いということです。そして、要件適合性についての判断の幅が広いということは、免許をする行政の側に大きな裁量があるということなのです。それは専門的な技術的な見解を行政が持って法を運用しているわけですから、その裁量は尊重されなければならず、裁判所にその処分が違法だと訴えられたときには、裁判所は、基本的にはそういった行政の裁量を尊重しながら、その裁量を逸脱して不合理な場合に、初めてこれは違法ですよ、という判断をするのが大きな枠組みになります。

　この判断をどういうふうな基準でやるのかというのは、それぞれの法の趣旨に従って、基準を設定されていくわけですけども、災害防止だとか、次にいう環境保全に十分配慮しているかどうか、という要件については、知事の専門的な判断について裁判所が審査するときに高裁はどういういい方をしているかというと、知事が専門的、技術的な知見に基づいてなされた判断が合理的かどうかということを判断するのですよと、単純に裁判所が、みずから直接要件が充足されているか

どうかを判断するのではなく、知事の判断が専門的な技術的な知見に基づいてやった判断を踏まえてみて、合理的な範囲のものだろうということであれば、裁判所はそれ以上介入しないということになるわけです。

　だから仲井眞（弘多）知事の承認処分の取消しをして、翁長さんが争ったとき、最高裁は、仲井眞さんの承認処分を取り消せるかどうかについて、仲井眞さんの承認処分の裁量が広く、その裁量を逸脱しているとはいえないから、翁長さんの取消処分は違法だ、という判決をしたわけです。

　もちろん、この承認取消処分についての裁判での判断は、翁長さんの裁量というものを無視している、おかしい枠組みですが、裁判所はこういう判断をします。だから、仲井眞さんの処分を取り消したときの翁長さんの判断の裁判とは違って、今回は、デニー知事が変更申請という新しい申請に対して承認するかどうか、ということが対象になります。ですので、デニー知事の判断の裁量が逸脱しているかどうかが問われなければいけないわけです。その知事の裁量の範囲内で不合理とはいえませんね、ということであれば、これは適法ですよという判断になるはずです。

　今回知事が不承認にした災害防止要件での理由は２つありました。１つは、辺野古崎の一番端ところのB-27という軟弱地盤です。深さ90mのところまである箇所のボーリング調査をしないまま、その安全性を確認せずに護岸の設計をしていることについて、安全性が確認されないということ。２つ目はその護岸の設計をするときに計算をして、安定性をチェックしますが、そのときの係数が危険側ぎりぎりのところに設定されていて、これでは安全性が確認できないという点でした。国はこれに対してどういう反論しているかというと、港湾建設の際の基準や解説をまとめた国交省が監修して作ったマニュアル書があります。

このマニュアルに基づいてやっているので、その指示内容をクリアしているので危険でも何でもない、それ以上の厳しいことをいって安全性を知事が求めるのは、不当に厳しいものだ、というのです。

　高裁は、この国の言い分をそのまま丸呑みして国交省の人たちが監修している港湾施設の基準解説という本に書いてあるとおりのことをやっているから、それ以上の厳しい基準を設けるのは不合理であるという判断をしたわけです。

　しかし、沖縄県内部には知事の公有水面埋立に関する審査基準というものがあり、この審査基準には、「少なくとも港湾基準に合致すること」となっているのです。少なくとも、港湾基準はクリアしなければいけないと書いているだけで、その審査においてどの程度の安全性が必要かというのは、知事の審査の裁量に入っている話です。しかも、その港湾基準というものと、国交省が監修した解説書とは別のものです。解説書はあくまでも解説書であるのに、その記載に知事の判断が拘束されるようなことを高等裁判所は言ったわけです。

　これはおかしいのではないでしょうか。解説書自体は法律上の根拠でも何でもないのです。それにもかかわらず、これが一般的で合理的な水準なのだと高裁が勝手に言って、それを満たしていればオーケーとして、それ以上のことを要求してはだめだ、というのが、高裁の判断なのです。それは知事の裁量判断の幅を非常に狭くしている、つまり、裁量がないと同然のような判断をしているのではないかということです。

　計画されている施設の性質に応じて、より安全性を確認するという今回の知事の判断は全く正当だし、そういった裁量判断の枠組みが間違っているというのが３番の問題です。

4）環境保全要件（公水法4条1項2号）の判断

　次の環境保全要件についてみると、ここも同じような専門性に基づく判断が必要なわけです。高裁の判決は、もともと仲井眞さんの承認処分のときから特段変わった事情は生じていないので、そのときに出された環境保全としての基準で問題はなく、今までどおりの環境保全措置でよいのだという判断をしています。

　ここで私たちが何をいってきたかというと、大きくいえば2つです。ジュゴンと海底地盤の盛り上がりの問題です。ジュゴンについては、仲井眞さんが承認したとき、それまでの環境保全図書のときには少なくともジュゴンはABCの3個体がいます、などと防衛局は述べていました。そのときから、今までの間にその3個体がいなくなりました、亡くなった個体もいます。食み跡も見つからなくなりました。しかし、その後また、埋め立て区域周辺で食み跡が見つかり、最近では、ジュゴンの鳴き声のようなものが沖縄防衛局の調査でも大浦湾で録音されました。

　ジュゴンの生息状況に非常に大きな変化が生じているのです。ジュゴンはもう絶滅させてはなりません。承認処分がなされた段階では、わずかにいたジュゴンが見られなくなる一方で、新しく大浦湾周辺で生息している痕跡が見つかっているのです。これは種の保存という観点では極めて大きな変化が生じています。

　さらに今回の変更工事は、サンドコンパクションパイル工法というもので、多くの砂杭（すなくい）を打ち込むので、ものすごい水中音が何年にもわたって続きます。ジュゴンにこの水中音の影響がないわけがありません。そうであれば、新たにより厳密な調査をして、ジュゴンの保全を図るべきだというのが県の主張です。こういった事態が発生していることについて、高裁は、ジュゴンが絶滅危惧種だというのは以前からわかっていて環境保全図書で環境保全措置をとったのだから、以上の事

情をみても特段の変化があったとまではいえないと判断しました。この点も、これだけジュゴンの保全に関する状況が変化したということを踏まえた知事の判断の裁量を全く無視しているといわざるを得ません。

　地盤の盛り上がりに対応した環境保全措置の点は省略します。

5) 国土利用上適正合理的要件（公水法4条1項1号）

　次の5番目にある「国土利用上適正かつ合理的」というもう1つの要件です。ここで一番問題視しているのは、普天間飛行場の危険性の除去は喫緊の課題だ、できるだけ短期間で移設できるための案が望ましいということで、埋立承認願書が出されました。そして、仲井眞さんの承認処分のときにも、これが喫緊の課題だということが理由で承認処分がされています。それが2013年12月でした。それから6年半ぐらい経ってから変更承認申請が出て、この申請によれば、そこからさらに埋立てだけで9年1か月の工程表が示されました。最短でできるとかいっておきながら、これでは、承認処分をした時点から、18年、20年の大工事になるじゃないですか。仲井眞さんも、一番この案が短いのだ、ということだったからやむなく承認処分をしたはずなのではないでしょうか。

　そうであれば、辺野古の埋立てがこれだけ時間がかかるというのが判明した段階で、国土利用上適正かつ合理的というふうにいえなくなったのではないでしょうか。短期間だから承認処分したのに、とんでもない工事になるのだったらだめですよ、というのは、極めて当たり前であり、知事の判断としては極めて普通だと思います。

　もともと、この国土利用上適正かつ合理的という要件は、知事が、災害防止だとか環境保全よりもっと広く地域の発展を考えていろいろな考慮要素を検討して判断できる要件です。この要件について先の最高

裁判決が示した判断基準は、知事の判断には広い裁量があることが前提で、知事の行った判断が事実の基礎を欠いたり、社会通念に照らして明らかに妥当性を欠いたりするという場合に初めて違法になる、というようにされています。

そうすると、辺野古移設が短期間だといっていたのが、こんなに長期間かかるのだったらだめですよ、という判断が、事実の基礎を欠いているとか、社会通念に照らして明らかに妥当性を欠いているといえるのかが問題になるのです。辺野古唯一かどうか、という政策判断についていろいろな議論があったとしても、知事の判断が明らかに妥当性を欠くなどと裁判所がいえるはずがないじゃないですか。

だから、この点についても、知事の広い裁量判断というものを真っ向から否定してしまった高裁の判決は、最高裁でひっくり返るべきであろうと思っています。とくに指摘しておかなければいけないのは、高裁の判決が、知事の裁量が逸脱しているかどうかという判断ではなく、みずから、辺野古が唯一だという判断をしてしまっていることです。これは非常に重大です。高裁判決がどのようにいっているかというと、この願書にもともと記載された工期の遵守が、その要件適合性の重要な考慮要素となっていたことまではうかがわれない、とまでいい切ります。

もともと短期間の移設という条件であり、早くできるから承認したという判断があったのです。しかし、高裁は、この承認したときの判断が「その工期を遵守する、早くやる」ことが、その要素になっていたとはうかがわれないというのです。その上でどういっているかというと、平成25（2013）年の埋立承認処分がされるまで17年という長い歳月を要しつつも漸進してきた、これらの経緯からすると、この政策課題、普天間基地の危険性の除去という課題を実現する他の現実的な方策を速やかに見出すことが、現時点においては困難であると考え

られ、承認処分に基づく工事が着工されて、工事が一定程度進捗していることも総合勘案すると、5年次までの埋立ての工期を終えるという当初の出願の内容が変更されたとしても、その積極的な価値に重要な変更をもたらす事情であると評価することはできない、などと、要するに辺野古唯一なのだから、その必要性は失われないといっているだけです。

これは明らかに、高裁が知事の裁量に手を突っ込んで不当なことを言っているというように思われます。

おわりに

さて、おわりに最高裁の見込みについて触れます。固有の資格の判断についても、適正かつ合理的という要件の判断についても、先の最高裁の判断に反することを高裁はやっていますし、また、知事の裁量について不当に首を突っ込んで、その裁量判断を侵害するものだということは、法的にも十分言えるだろうと思います。

したがって、最高裁判決で判断を覆させる展望はあります。みなさんの中には、どうせ裁判は負けるのでしょうと受け止めている方もおられるかもしれませんが、裁判は勝つためにあります。そして、勝てる法律論だから上告をしているのです。確かに最高裁に関しても、いろいろな政治的な動きがあります。

團藤重光裁判官を取り上げたNHK教育テレビのETV特集「誰のための司法か―團藤重光最高裁・事件ノート―」（2023年4月15日）で、大阪空港訴訟で、飛行差止めを否定するとんでもないひっくり返った判決となった裏の経緯が、最近報道されました。そのような問題もありますが、團藤さんが裁判所の中でがんばったように、裁判官に事実と論理で訴え、それが説得力を増して、最高裁で変えることはできる

と信じて上告理由書を書きました。

　最高裁で勝てるという展望で、私たちはがんばってきました、ということを述べて、私の報告を終わります。

総合司会 ● 白藤

　それでは続きまして基調報告の第2といたしまして、名古屋大学名誉教授・紙野健二さんから「辺野古問題と司法」というテーマでご報告いただきます。よろしくお願いします。

辺野古問題と司法

紙野健二（名古屋大学名誉教授）

1　司法と行政訴訟

はじめに

　辺野古訴訟とりわけ埋立てをめぐっては、これまで政治的にも法的にも大変複雑な経緯をたどってきました[1]。辺野古新基地建設のための国のふるまいと法廷における主張はさまざまな次元で論じられるべき問題を含んでおり、今日、大浦湾に広がる深刻な軟弱地盤への対応、すなわち埋立計画の変更承認問題が俎上に上っています。国の計画変更承認申請をうけて県がこれを不承認にした事例で、これにつき、先の3月16日の福岡高裁の判決があり、現在上告審で審理がなされています。最高裁がこの問題をどう受け止めどういう判断をするかが、沖縄県内のみならず全国で注視されています。ここでは関連する法解釈を素材にしつつ、最終的な法の判定機関である司法によるその受け止め方に焦点をあてたいと思います。その意味での「辺野古問題と司法」です。

2) 行政訴訟には多くの決まりがある

　辺野古訴訟は行政訴訟の一つですが、この訴訟は一般の民事刑事とことなるところが多いのです。すなわち法律上の要件が多々あり、それらをクリアしなければ訴訟が成立せず、いわゆる門前払いで訴訟を提起した側が負けになります。この場合、法的に決着をみないままその時の状況が放置され、結果的にそれが固定化されてしまうのです。適法か違法かの最終的判断のないまま事実がまかり通ることになります。それが一体どういう状態なのかが、この紛争にとって大変重要な意味を持っているのです。一般に行政訴訟は行政優位の訴訟であることは免れません。そのことの合理性一般の問題はともかく、ここではこれが県の地方自治にねざした権限行使に対する国の埋立推進の優位として現れる、それを導く手段としてあらわれるのです。少し難解ですが、このことの意味をぜひ理解してください。

3) 地方自治体と国との訴訟のありよう

　行政訴訟のうちで典型的なものは行政事件訴訟法 3 条の定める抗告訴訟という訴訟で、その中心は国民が行政機関の処分の取消しを求める訴訟です。それでは、県と国との訴訟は、どのような訴訟になるのでしょうか。これについては、まずは国地方相互の関係において生じる紛争解決のルートとして地方自治法が定めるところです。実は長い間、この国では、何と県と国との争いを裁判で決着するということを想定していなかったのです。それは、両者を一つの主体の内部のしかも上下関係ととらえ、県は国に従うのが当然と考えてきたからです。地方自治を保障する日本国憲法の下ではそんなことがあってはならないのですが、この問題を改善する法整備は、戦後ずっと長く放置されてきたのです。このあたりの改革に消極的な国も、ようやく 1990 年代後半の分権改革論議による地方自治法の一括改正を 2000 年施行として成立

させました。すなわち、国の県に対する働きかけを関与として法定かつ限定する（245条）とともに、関与取消訴訟という制度を設けました（251条の5）。これは、限定された国の関与について県が争う方法です。それ自体は大きな成果でしたが、さっそく辺野古問題が運用例になりました。ここでは、この法改正の背後にあった分権改革が、行政実務と裁判所によってきちんと理解されたのかが問われることになりました。もちろんそういう意識があったのか否かも含めてです。

2 これまでの訴訟と今の段階

1) 訴訟の展開

以下では、これまでの訴訟を並べてみました。

(1)埋立承認の取消（当初の処分に瑕疵）不作為違法確認訴訟

　20160916 福岡高裁／請求棄却　＊県の承認を適法として大臣の是正指示に従わない県の不作為を違法。

　20161220 最高裁（二小）／上告棄却　＊高裁判決を支持

(2)埋立承認の撤回（処分後の事情変化）裁決取消訴訟

　①裁決取消抗告訴訟

　20201127 那覇地裁／訴え却下　＊法律上の争訟ではない

　20211215 福岡高裁／控訴棄却　＊原告適格がない

　20221208 最高裁（二小）／上告棄却　＊原告適格がない。

　②裁決取消関与訴訟

　20191023 福岡高裁／訴え却下　＊裁決が審査対象の関与に当たらない。

　20200326 最高裁（一小）／上告棄却　＊審査対象の処分とはいえない。

(3)計画変更承認申請の拒否（不承認）裁決取消訴訟と指示取消訴訟

①抗告訴訟

那覇地裁　審理中

②関与訴訟

20230316 福岡高裁／請求棄却　＊裁決は無効でなく関与ではない、
　　不承認には裁量権の逸脱濫用があり、指示は適法。

　　現在最高裁第一小法廷で審理中。

2)　概観

　ここでは、埋め立てについての県が当事者となっているものに限り、
サンゴ移植や岩礁破砕をめぐっての、また埋め立てでも住民が提起し
ている訴訟も省いています。川津（知大）弁護士がお話しになる住民
の訴訟は、住民に訴える資格（いわゆる原告適格）があるか否かに関
心が集まりがちですが、実は、県の主張の正当性にとって大変大きい
意義があります。国は裁判所に不承認の適否という実体的争点につい
ての判断に入らせないために、門前払いの主張に終始しています。最
高裁による地裁判決直前の裁判官の異動と審理やり直しもきわめて奇
異で首をかしげるものでしたが、まさか基地や沖縄の例外扱いを正面
から正当化することもできないでしょう。

　さて、これらを概観すると、⑴は承認取消、⑵は承認撤回、そして⑶
は不承認が問題になっています。いずれも国の申請に対して県がした
処分です。⑴⑵は仲井眞（弘多）知事が県民の反対を押し切ってした
埋立申請承認（当初承認ともいいます）についてのことで、⑶の国の
埋立計画変更承認申請に対する玉城（デニー）知事の不承認が現在の
問題です。⑴は、県は自らの承認取消に対する国の指示を違法だと主
張したのに、裁判所は仲井眞知事の承認を審査して「正しかった」と
独断して、そこから国の指示に従わない県の不作為を違法と判決して
しまいました。これ、稚拙なすり替えなのです。県による取消しの際[2]

の裁量についての審査が欠落しています。(2)では、国が県とのやり取りに国民のための制度である行政不服審査法の審査請求とこれに対する大臣の裁決をブチ込むという乱暴なやり方を取ってきました。³⁾いわゆる私人なりすましです。国の目的は埋立工事の継続です。これ、いちじるしい法治主義と地方自治の簒奪であり、まさになりふりかまわぬという形容がぴったりくるのですが、この(2)①②の2022年の2つの判決で最高裁は門前払いをしてしまいます。⁴⁾そういう状況で(3)に移ります。これは何せ広大な軟弱地盤という新たな事実に直面するとともに、⁵⁾公有水面埋立法（公水法）の適用条文も異なるうえに、ここで国は行審法と地方自治法の併用という前例にも解説書にもない運用を加えてきました。高裁判決は国の主張に追随してしまいました。この(3)では(1)(2)と同様の問題点と(3)に固有のそれとが併存していることに気づいてください。なお、国の対応はそれなりに一貫しているのです、閣議決定で決めた辺野古基地建設のために埋立工事をとにかくすすめる、そのために法治主義や地方自治など否定してもかまわないと、公水法、行審法、地方自治法の運用をねじ曲げてもかまわないと。誤解のないように願いますが、国民主権国家の下でも国の行政が恣意にわたり法治主義や地方自治を侵害することはままありうることですから、行政部内（この場合、係争委のことです）さらには司法の監視抑制装置が機能すればそれで済むことです。ところがそうはなってこず、無法がまかり通ってきたのですから、これはかなり深刻な問題をはらんでいます。

3　問題の検討

　以上の経緯を補う意味で、もう少し要点に迫ってみます。

1）政治的性格

　辺野古問題は大変政治的性格の濃厚な事例というと、今さらとお感じでしょう。ただこのことは、米軍基地の存在が日米安保の核心部分だとかSACO（沖縄に関する特別行動委員会）合意まで遡ってのことでも、ましていわゆる左右や保革のイデオロギー対立のことでもないのです。

　周知のように、閣議決定で辺野古の基地建設を決めても海上ですから埋立てが必要で、埋立ての可否にまで閣議決定が及ぶものではありません。しかし振り返ってみると、閣議決定をうけて官邸を中心に防衛、国交、環境、農水、法務の各省が連携して動き、訴訟書面づくり作業に新任の判事補を動員し、訟務局長には定塚誠東京高裁元判事を据え、官邸での総理、補佐官、水産庁長官をも交えた協議をふまえて漁業法解釈の転換がなされたことが知られています。このようなことは何よりもかねてからの「判官交流」の成果ですし、この間、国交省から防衛省への大量出向者が、私人なりすましによる不公正を組織的に支えてきたのです。国にしてみれば、このような総動員は先の閣議決定の結果ということになりますが、何よりも統治機構の改革の成果として誇示したいことでしょう。他方少し遅れますが、国は「処分に関し国民が行政庁に不服を申し立てることができる制度が、公正性の向上、使いやすさの向上等の観点から」、行政不服審査法の技術的な改正を同時的にすすめてきました（2014年6月）。法廷における国の主張やこれを支える組織的手続的な不公正な政治行政とあわせて理解すると、両者の整合的な説明の可否が問われますし、国の表裏のシナリオが浮かび上がってきます。

2）地方分権と地方自治

　辺野古問題においては、県の埋立要件充足についての判断に対する

国の働きかけがしばしば俎上にのりました。先にのべた地方分権改革は 2000 年施行の地方自治法改正として結実します。これは国と地方の対等性の確認の下に、県に対する国の働きかけを関与として法定しかつ必要最小限度に限定するとともに（地方自治法 2 条 10 項 11 項および 245 条の 3 第 1 項）、県がこれを不服として争う手段を明示しました。しかし、国はこの辺野古問題への対応において、この改革の趣旨を読み取ったうえで行動したようにはみえないのです。したがって、その筋道の解明が訴訟においても不可欠であったのではないでしょうか。とくに地方自治について識見があるわけではない裁判官に、この脈絡を理解し、まっとうな地方自治論あるいは地方自治法の解釈に生かすのは無理でも、245 条の 3 第 1 項の定める関与の基本原則が目に入らないわけがないはずなのです。

3) 計画変更申請の不承認

　この計画変更承認申請では、それまでとは大きく異なる固有の問題が加わります。具体的な論点は加藤（裕）弁護士のご報告に譲りますが、高裁は、概して特段の説得的な根拠を示すことも検証もすることもなく、申請者である国の事実についての主張をほぼそのまま採用しています。ここで変更承認申請者は私人ではない国の機関なので、高裁は全幅の信頼を置いているということでしょうか。そもそもこの大規模な軟弱地盤を目前にしても、当初承認に比較して変更承認申請の意義を過小に評価していることは明らかです。また、国の行政不服審査法と地方自治法の併用あるいは乗換えの問題をあげることができます。すなわち国は私人なりすましでえた国交大臣の裁決で不承認を取消しておき、国交大臣が別の顔で県に承認を迫る指示を行っている点です。国は防衛局長に審査請求をさせ、国交大臣に裁決で不承認の効力を取り消し、さらに承認を迫る指示をさせたのです。ここでは私人

なりすましに加えて2つ目3つ目の顔で変更承認をせよとの指示をしたのです。かりに百歩譲って審査請求と裁決が適法であったと仮定しても、裁決によって県はあらためて承認をするかそれとも別の理由で不承認をするかの判断が求められる、それが行審法の趣旨です。ところが、国交大臣は即勧告を経て承認せよという指示、こんなことは行政不服審査法と地方自治法の運用上想定されていません。ただの思い付きの域を出ません。あらためていうまでもなく、とりわけ2000年施行の地方自治法改正は分権改革の帰結であり、その解釈はこれをふまえなければいけません。国はみずからこのような経緯を無視した法運用に及んだのです。先に3の1）でのべた国の統治機構その他の諸改革とのかかわりが深刻に問われるところです。

むすび
──最高裁はどのような態度をとるべきか

　私の報告の冒頭でのべた点に戻ります。日本には、中立公正な司法というものが存在するはずで、この観念を基礎にあらゆる法的な紛争解決が最終的にはこの司法を通じてなされます。辺野古の埋立てをめぐる県と国との紛争においてもこのことに変わりはないはずです。しかし、辺野古訴訟のこれまでの特徴は、埋立ての要件の充足をめぐる県の自治的判断には目をふさぎ、裁判になる以前に、一方的に国が仮の法律関係を作り上げ、それを積み上げることの恣意性にありました。それを可能にしたのは私人なりすましによる審査請求と裁決であり、その仕上げはそのことを見破ることができず消極的審査をくりかえしたり論点をすりかえたり、さらに国の事実認定に追随するばかりの裁判所の判決でした。いま目前の計画の変更不承認をめぐっては、さらに軟弱地盤という事実に目をふさぐとともに、国の顔にまた新たな顔

を付け加えるという前代未聞のふるまいさえ追認したのが先の高裁判決です。

　一般に、国民に対し紛争の最終的な解決を司法に委ねている前提には、国民の司法への信頼があるはずですし、司法はそれにふさわしい姿をみずから国民に示さなければいけません。辺野古問題の複雑な経緯ばかりでなく現にある条文からさえ目をそらし、国の恣意的なふるまいをただ追認するだけの司法であってよいはずがありません。最高裁は何よりもここで公正な判断を示さなければ、みずからの存在意義が問われるどころか、ここで問題になっている行政法や地方自治についての見識のなさをさらけだすことになります。

注
1　初期における問題の所在と基本的視角につき、紙野健二・本多滝夫編『辺野古訴訟と法治主義』日本評論社（2016年）、岡田正則他「座談会」特集「沖縄・辺野古と法」法学セミナー751号（2017年）。
2　岡田正則「『政治的司法』と地方自治の危機—辺野古訴訟最高裁判決を読み解く—」世界1月号（2017年）。茂木洋平「辺野古最高裁判決をめぐる法的問題」桐蔭法学25巻1号（2018年）。
3　(1)でも国はこれを試みたのですが、和解の際に高裁で押しとどめられた経緯があります。これ、行政訴訟における仮の利益保全のいわば逆機能とでもいうべきものです。拙稿「辺野古新基地建設問題が提起する公法学の諸問題」晴山一穂他編『官僚制改革の行政法理論』日本評論社、197頁（2020年）。
4　原島良成「公有水面埋立承認を受ける国の地位」新・判例解説Watch環境法No.91 TKCローライブラリー（2020年）。
5　このあたり、国はおそらくすでに当初申請の時点で軟弱地盤の存在を認識していたであろうこと、工事の困難さを知りつつまっとうな調査をせず申請し、仲井眞知事の承認を得てから順序を入れ替えて工事を進めてきたであろうと推測されます。もっとも調査の主体は国と委託業者で、県は手を出せないでいます。
6　武田真一郎「辺野古埋立て設計変更承認をめぐる裁決と是正の指示の関係について」同「判例評釈」成蹊法学97号（2022年）。

パネルディスカッション

報告1 辺野古新基地、高裁判決の問題点
報告2 住民の抗告訴訟について
パネルディスカッション

コーディネーター ● 本多滝夫（龍谷大学教授）

　それでは、第2部のパネルディスカッションを始めます。

　向かって右手にご登壇いただいているのは、さきほど基調報告いただきました加藤裕弁護士と紙野健二名古屋大学名誉教授、そして、向かって左手には、立石雅昭新潟大学名誉教授と川津知大弁護士に新たにご登壇いただいています。

　まずは、パネルディスカッションを有意義ものにするために、新たにご登壇いただいたお二人に辺野古裁判に関してそれぞれのご専門やお立場からお話しいただきたいと思います。

　最初に、沖縄辺野古調査団代表で地質学を専門とされている立石先生から「辺野古新基地、高裁判決の問題点—軟弱地盤と耐震設計の検証なし—」というテーマの報告をいただきます。それでは立石先生よろしくお願いします。

報告1 ―――――――――――――――――――――――――――――――

辺野古新基地、高裁判決の問題点
―軟弱地盤と耐震設計の検証なし―

立石雅昭（沖縄辺野古調査団代表・新潟大学名誉教授）

1 明白な問題点

ご紹介をいただきました立石です。

これまでも何度かこの沖縄の地でもお話しをさせていただいています。2018年に沖縄辺野古調査団を結成して、それ以来沖縄の、特に辺野古埋立地の地盤問題にかかわって調査をするなかでいくつか意見書等も県に提出をしてきました。

まず、パワポ・レジュメ1頁をご覧ください。今日は、そのなかに書いていますように、つまり、軟弱地盤対策の不備の問題と、耐震設計の問題、さらに、空港基準に関わる問題、これら3点をお話しします。これらの問題は、専門的な見地からみれば誰でも、これはおかしいと思うことなのです。これらの問題があっても、辺野古新基地の建設がうまくいくなんていう人は、よほど「建設ありき」で走っている人です。その顕著な例が耐震設計です。これはあまりにもずさんなものです。もちろん、空港基準の問題や軟弱地盤の問題も明白にずさんです。

正直に言うと、軟弱地盤は日本の技術力をもってすれば年月をかければ対応することは可能なんです。例えば、地盤の改良、現在のとこ

パワポ・レジュメ1

ろ、70m が限界と言われている。しかし、それよりも深いところまで対策可能な装置を作ればいいのです。ところが、そこは今のままでいい、70m よりも深いところの軟弱な地盤は放っておいてもいいでしょう。現在は、それ以上の深さに対応する科学も技術もない。放っておこう、何とかなるだろうと、そういう論理です。

　ところが耐震設計の方はそうはいかない。もちろん地震は必ず起こるとは言えない。どのぐらいの確率で起こるか、という話しになります。地震の発生は確率論になりますが、耐震設計にはほかに問題点があります。私は最初に耐震設計の適用基準を聞いて疑問に思いました。それは、辺野古新基地の耐震設計に、なんで港湾基準が適用されるのか、という点です。空港基準ではなく、港湾基準ということです。日本には空港と港湾の基準があります。港湾をつくる際の基準と空港をつくる際の基準は、おのずと違ってきます。

　なぜ、辺野古の埋立地に空港基準じゃなくて、港湾基準が適用されるのか。「米軍が納得してくれたので、了解してくれたから、これで

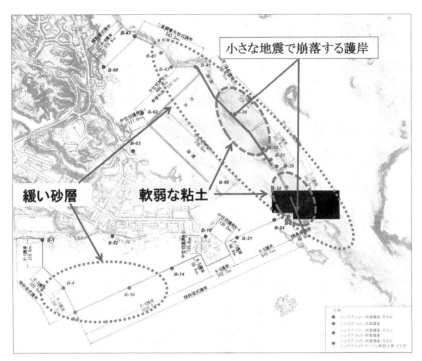

内のテキスト：
小さな地震で崩落する護岸
緩い砂層
軟弱な粘土

パワポ・レジュメ2

いきます」なんていうのは、まことにナンセンスです。これでは、本
当にやる気があるのだろうか、と疑いをもたざるを得ません。今日は、
そういう話しをします。

2　軟弱地盤とは

　時間も限られますので次（パワポ・レジュメ2頁）をお願いします。
　軟弱地盤には、砂の方の軟弱と泥の方の軟弱の2種類があります。と
りわけ厄介なのは泥の方です。砂の方も、その上に重いものを載せれ
ば、たちまちのうちに沈下していきます。レジュメ（2頁）にも書い

てありますが、このＮ値というのは、地盤の固さの指標です。日本の土木技術関係では、この値をざっと調べて、Ｎ値によってその地盤の固さをとらえてきました。Ｎ値にそって対策を考えることになってきました。

辺野古の大浦湾側は、大部分が軟弱な地盤です。その内の砂層と、それから特に粘土の多い部分です。時間がありませんので、細かくは触れませんが、私たちが計算をすると、レジュメで「小さな地震で崩落する」とした護岸の部分、これはもたない。ちょっとした地震が来れば崩落します、そういう計算値がでています。しかし、こういう話しは一切ありません。

> ### 軟弱地盤の分布
> その性状から小さな地震でも崩落する可能性のある大浦湾側の護岸。
>
> ### 軟弱地盤とは？
> 泥や多量の水を含んだ常に軟らかい粘土、又は未固結の軟らかい砂からなる地盤の総称。
> 国土交通省の「宅地防災マニュアル」では判定の目安として有機質土・高有機質土（腐植土）・Ｎ値※3以下の粘性土・Ｎ値5以下の砂質土をあげています。その性質上、土木・建築構造物の支持層には適さない、とされています。
>
> ※Ｎ値は地盤の固さの指標です。数値が小さいほど、柔らかい地盤になります。

パワポ・レジュメ 2 補定

今回の裁判では、裁判官のみなさんは、「想定外」は起こらないことと思っているのか、「想定外」は仕方がないと思っているのでしょう。しかし、護岸は重要構造物です。こういう重要構造物をつくる際には、想定外なんていうことは許されません。これを国民的あるいは県民的な世論として盛り上げなければいけない、と思います。

３ 軟弱地盤の性状について

次（パワポ・レジュメ 3 頁）、お願いします。レジュメで書かれているのは軟弱地盤のいくつかの性状についてです。これもちょっと時間の関係で割愛します。

4 軟弱地盤の現状と問題点

　次（パワポ・レジュメ4頁）、お願いします。地質断面の図の詳細な説明は省きます。

　レジュメ4頁の図はなんどかお見せしてきましたが、特に問題になるのはこの青い地層（Avf-c）と、その下のより青い濃い部分（Avf-c2）があります［L-08とL-12の間の上から2番目と3番目の地層］。これらが軟弱な粘土層です。この赤い横のライン［深さ70mのライン］までは地盤を改良します。それより深い90mまである層は改良せずにそのままでいきます、こういう極めてずさんな対応です。

　この谷の部分［L-08とL-12の間］は100m以上の幅があります。このように広い範囲に軟弱な地盤がずっと下まで続いているのです。これを改良せずに、なんとかなるだろう、というのが今回の設計計画です。このような複雑な地形の中に埋もれている軟弱地盤を放置したまま、これが現状だということです。

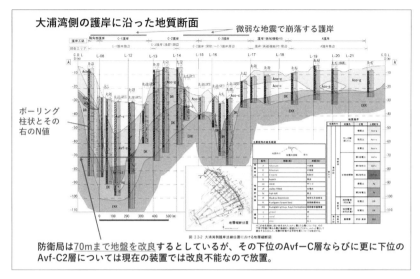

大浦湾側の護岸に沿った地質断面

微弱な地震で崩落する護岸

ボーリング柱状とその右のN値

防衛局は70mまで地盤を改良するとしているが、その下位のAvf－C層ならびに更に下位のAvf-C2層については現在の装置では改良不能なので放置。

パワポ・レジュメ4

5 耐震設計と港湾基準の適用問題

　次（パワポ・レジュメ5頁）、お願いします。辺野古新基地における耐震設計の問題、つまり、港湾基準の適用問題をお話しします。

　空港の場合、例えば那覇空港は補修・増設の場合、当然ながら空港基準を使っています。羽田空港や関西空港、いずれもそうです。

　なぜ辺野古は港湾基準なのか。つまり空港基準の方が厳しいからです。空港の場合、「レベル2」というより強い、将来起こりうる最大の地震動を予測しなければなりません。これはちょっと大変だから「レベル1」でオーケーとする。つまり港湾基準でいきたい、これが沖縄防衛局（防衛省）のやり方です。

辺野古新基地は「港湾基準」で設計！？
レベル2地震動と護岸地盤の照査を避けることが目的

空港土木施設の設計では、「空港設計要領」を基準として採用

那覇空港増設
「空港土木施設の設置基準・同解説
（平成20年7月国土交通省航空局監修）」

羽田国際空港D滑走路
「空港土木施設の耐震設計指針（案）」
（平成12年運輸省航空局）

関西国際空港進入灯点検橋
「空港土木施設設計基準」
（国土交通省航空局監修、財団法人港湾空港建設技術サービスセンター編）

＊レベル2地震動とは構造物の耐震設計に用いる入力地震動で、現在から将来にわたって当該地点 で考えられる最大級の強さをもつ地震動である.

パワポ・レジュメ5

6　辺野古設計変更の最大の問題点

　次（パワポ・レジュメ6頁）、お願いします。今日は沖縄県の方もいらっしゃるようですが、この図も何度か示してきました。沖縄県が2013年に発表した地震動予測図です。沖縄と辺野古周辺は濃いオレンジ色［上から2、3段目］になっています。少なくとも震度6弱で襲われます、ということです。では、震度6弱とは、一体どれくらいの揺れなのか。

　次（パワポ・レジュメ7頁）、お願いします。この図は気象庁の資料です。震度と加速度の関係です。縦軸が加速度、横軸が周期です。建物に地震の振動が伝わってきたときに、どれぐらいの揺れを起こすのか。固有振動数というものがあります。設計する際には必要な数値です。周期1秒のところが、一番低い震度になります。縦軸の加速度を

50　第1部　シンポジウム

辺野古設計変更の最大の弱点

○耐震設計の基本を無視
　どこでどの程度の規模の地震が発生するか想定することが基本。そのためには、近隣の活断層の推定が最初の仕事。防衛省は辺野古地域に想定された2本の断層の活動性の検討を無視

左図：沖縄本島東方沖で発生する地震による最も大きなゆれの大きさ
（沖縄県2013年地震被害想定調査から）
　この想定では、辺野古周辺は少なくとも震度6弱で揺れる。

　こうした想定が出されていたにもかかわらず、沖縄防衛局はこの想定を無視して辺野古における地震動を４０ガルと見積もって設計している。

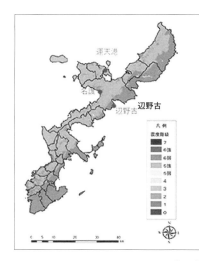

パワポ・レジュメ6

気象庁
地震波の周期、加速度と震度との関係

震度6弱は、加速度にして周期1秒で、170から300ガル

ところが、辺野古埋立設計では工学的基盤で40ガルを想定。これが余りに低いことは明らか。。

建物は普通、周期が長い地震に弱いと言われます。低層階の建物は多くが１～２秒の固有周期を持っています。

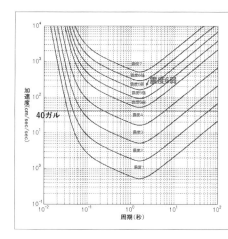

パワポ・レジュメ7

みると、辺野古は40ガルという設計になっています。これはきわめて低い。こういう耐震設計をしています。襲ってくるのが、40ガルだと言っているのです。40ガルは震度4ぐらいです。

ところが、県の推定では震度6弱から6強です。ガルでいえば、170から300ガルで襲いうる、と県は予測しています。これを無視しているのが防衛省なのです。

7　2010年問題について

　次（パワポ・レジュメ8頁）、お願いします。最後に、これは2010年問題です。東北地方太平洋岸を襲った地震の前年です。2010年2月に沖縄を襲った地震のことです。沖縄の沖合に深い海溝があり、それの沈み込みによって発生した地震です。

　沖縄本島には東側の地震によって大きな揺れが襲ってくるということです。

　ところが、防衛省が辺野古の耐震設計に使ったのは、遠いところ、北西側の地震動です。しかも2か所しか使っていません。港湾基準でさえ3つの地震動を使いなさいとしています。それなのに自分たちに都合のいい弱い地震だけ使って、ここを40ガルしか襲いません、と結果を出しています。

　もうひとつ大事なのは2010年、この地震で辺野古はどういうふうに揺れたのか、そういうデータも防衛省は出さない。これも防衛省のやり方です。もしかしたら地震計を撤去したのかもしれません。それもあり得ます。しかし、今でも地震計が置いてあるはずです。現在、工事をしているところが、どれぐらいで揺れるかは、3回だけではなくて、ずっと継続して測らないといけないからです。2010年の地震の値が余りにも大きかったので、これを使ったら大変ということで使ってはいない。しかし、データは多分取っていると思いますが、その存在さえ示さない。さらに、地震計を今でも設置してあるのかどうか、そのことも示さない。

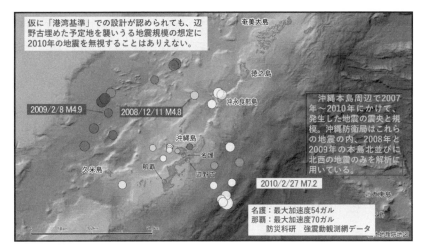

パワポ・レジュメ 8

　参考までに 2010 年の地震の時に、名護は 54 ガルで揺れています。距離的には那覇も同じぐらいですが、那覇は 70 ガルで揺れました。もうみなさんは、この地震を覚えてないと思いますが、ちょっとした地震でも、それぐらいの揺れが来るのです。問題は名護で 54 ガル、それよりもさらに震源に近い辺野古で、いったいどれだけ揺れたのでしょう。公表するべきなのにしない、これが防衛省のやり方であり、こういう設計の仕方自身がきわめてずさんだということです。こういう設計では、ちょっとした地震でも多分もたないでしょう。

　時間もだいぶ超過しました。以上です。

コーディネーター ● 本多

　どうもありがとうございました。軟弱地盤の問題性と、その上に飛行場を作るにあたって港湾基準を用いていることの問題性、なぜそれを用いているのか、結果的にはどういう事態をもたらすのかといった

点をわかりやすく解説いただきました。

　つぎに、川津弁護士の方から「住民の抗告訴訟について」というテーマの報告をいただきます。本日のシンポジウムで扱っている裁判は県と国との間の裁判ですが、県民も辺野古新基地建設について反対の意思を明確にするために訴訟で闘っています。川津先生は、弁護士として、その訴訟の先頭に立ってがんばっていらっしゃいます。それではよろしくお願いいたします。

住民の抗告訴訟について

川津知大（弁護士）

　ただいまご紹介にあずかりました辺野古弁護団弁護士の川津と申します。よろしくお願いします。私の方から住民の抗告訴訟について、ご説明させていただきたいと思います。

　報告のため準備したレジュメの中で、「公有水面埋立法（埋立法）4条1項の承認等要件」や「沖縄県の承認撤回及び埋立地用途変更・設計概要変更不承認」の説目については、加藤先生のご報告とも重複することから、省略いたします。従いまして、「1　なぜ、住民の抗告訴訟なのか」「2　知事の撤回を支持する住民の抗告訴訟」「3　知事の不承認を支持する住民の抗告訴訟」「4　訴訟の経過など」「5　問題点」という項目の順番で、ご説明いたします。

1　なぜ、住民の抗告訴訟なのか

　そもそも、県の方でも、辺野古新基地建設をめぐって、埋立承認の撤回や埋立変更不承認をめぐって、国を相手にした訴訟が続いています。住民の方でも沖縄県とは別に、一見すると類似の訴訟をやっております。そこで、どうして住民の方でも別に訴訟を提起しているのかについて説明します。

　辺野古が現に埋め立てられている状況、そして辺野古が埋め立てら

れて米軍基地として完成して、飛行機が飛ぶようになるとどうなるのでしょう。辺野古や大浦湾の周辺の住民の方々は、生物の多様性などの環境を享受する権利があります。

それが埋立てによって侵害されています。実際に飛行機が飛ぶようになると、とんでもない騒音がします。あるいは落下物の危険もあります。沖縄ではよく起きています。

そういう住民が安全に過ごす権利というのが、直接的に侵害される危機にあります。住民の安全に過ごす権利侵害に焦点をあてて、辺野古周辺の方々を原告として訴訟を提起する必要があります。このような問題意識から住民の抗告訴訟を提起しています。

私の持ち時間は 10 分なので、かなりかいつまんでお話しします。

2 知事の撤回を支持する住民の抗告訴訟

現在、知事の撤回を支持する住民の抗告訴訟として、2 つの訴訟が提起されています。

1 つは那覇地方裁判所に、もう 1 つは福岡高等裁判所那覇支部にかかっております。

まず 1 つ目についてです。2018 年 8 月 31 日に沖縄県が埋立承認の撤回処分をしたことについて、これを国土交通大臣が、この撤回処分を取り消すという裁決をしました。翁長雄志前知事の意向のもとで謝花喜一郎副知事がした埋立承認の撤回処分について、国土交通大臣が取り消した裁決を、取り消せという訴訟を提起しています。これで勝訴いたしますと、国土交通大臣の取消裁決の効果がなくなるため、撤回した状態に戻るようになる、そのための訴訟です。

この訴訟の提訴日が 2019 年 4 月 19 日で、地方裁判所の判決が 2022 年 4 月 26 日に出ております。この判決は、原告適格が認められないこ

とを理由として却下の判決でした。辺野古周辺の住民には、こういったことについて訴える権利がありません、適格がありません。裁判を起こす権利がありません、そういう判決をしております。これについて 2022 年 5 月 6 日に控訴をしていて、今、福岡高等裁判所那覇支部にかかっております。

　国土交通大臣の取消裁決を取り消すために、やはり行政訴訟（そのなかの抗告訴訟）を提起する必要があるのですが、日本の行政訴訟は、入り口論が厳格で、ものすごく狭く狭く解して住民に裁判を起こさせない（裁判を起こすことが非常に困難である）という、なぜかそういう作りになっています。行政訴訟の場合は本当にいろいろな要件があって、処分性とか原告適格、訴えの利益などがあります。今回の訴訟で問題になっているのが原告適格です。辺野古周辺の住民が撤回を取り消した国交大臣の裁決を取り消せ、という適格があるのか、そういう裁判を訴える適格があるのかという論点です。

　この論点について、那覇地方裁判所の裁判官は、沖縄県がした撤回の根拠法令に照らすと、今、埋立てはしているけど、埋立て後の、例えば飛行機がバーンと飛んだときにうるさいだとか、落下物の危険がある、そういうことは、今の状況ではないとします。これらは埋立て後の問題であって、この裁判・訴訟で問題とするのは、今、埋め立てている状況についてでしょう、とします。埋立てがなされた後に、基地として使われた状況について、どうこう言うっていうのは、それは撤回を取り消した国土交通大臣の裁決を争っているこの裁判の中ではできませんよと、あくまで、埋立てによってどういう侵害があるのですか、ということを述べる。その他にも、いろんな理由をあげていますが、そういった理由などから、原告適格がない、辺野古周辺住民には、これを訴える権利がない、ということを述べております。この判決に対して、今、控訴を提起して控訴審が継続しております。

3 知事の不承認を支持する住民の抗告訴訟

次に、知事の不承認を支持する住民の抗告訴訟について説明します。こちらは、2021 年 11 月 25 日に玉城デニー知事は、埋立地用途変更、設計概要変更承認申請に対する不承認処分をしましたが、国土交通大臣がこれを取り消すという裁決をしたので、この裁決を取り消すことを求めて抗告訴訟を提起しました。この訴訟の提訴日が 2022 年 8 月 23 日です。

これについては大浦湾に居住する住民 19 名、そして大浦湾周辺でダイビングツアーを営む那覇市在住の住民 1 名の 20 名を原告として裁判をやっております。今、那覇地方裁判所に係属しておりまして、こちらについても、やはり原告適格、訴える権利があるのかどうかっていうところが問題になっております。

4 訴訟の経過など

訴訟の経過については、まず、いかに裁判所が国と政府と結託しているのか、かなり不当性（不透明性）を感じるので、説明したいと思います。

2019 年 4 月 19 日に、先程の知事の撤回を支持する住民の抗告訴訟を提起しました。これについては審理が続けられた結果、2019 年 12 月に 1 度、裁判が結審しました。判決をこの段階で出しますということで、那覇地方裁判所、今の裁判長の前の裁判長のときですね、結審をして判決を出しますということを予定していました。

このときに予想された判決が、裁判所は原告適格を認めて、先ほど加藤先生からもご説明があった固有の資格ですが、固有の資格性に関

する判断で、住民側を勝たせる可能性があったのじゃないか、かなり高い可能性をもって言えるというふうに考えています。固有の資格の議論は、難しいところなので、もう一回簡単に説明します。防衛局が辺野古埋立承認申請して、一旦それを仲井眞弘多知事の下で承認されたけど、その後、撤回されました。これを行政不服審査法という一般私人を救済するための法律を、沖縄防衛局、国の機関である沖縄防衛局が一般私人のようになりすまして利用していいのかどうかっていうところです。

　この点について、固有の資格に基づいてなされた処分に対してはこの行政不服審査法を使えませんよ、という条項が行政不服審査法7条2項に書かれていて、沖縄防衛局は、国の機関であり、かつ、固有の資格で処分を受けたのではないか、そういった論点です。これについて前の裁判長のもとでは、この論点で、恐らく沖縄防衛局の固有の資格性を認めて、住民側を勝たせるという判断をしただろうと思います。

　これが2020年3月19日に判決が予定されていました。一方、県と国の同じ固有の資格に関する争点の最高裁判決が、この3月19日の判決の1週間後ですけど、3月26日に出される、という報道がありました。地方裁判所は最高裁の判決に反することができないので、最高裁が判決を出すとなったものだから、この3月19日の判決日を取り消す、という連絡が那覇地方裁判所からありました。つまり最高裁の判決を待ちますとのことです。最高裁は3月26日判決で、沖縄防衛局は固有の資格に当たらない、という判断をした。県側が負けたことから、住民側もそちら（沖縄防衛局の固有の資格性）では勝たせられない、ということになりました。

　次に、前の裁判官のときは、2020年3月19日に執行停止に関する決定、というものを出しています。この執行停止は、行政訴訟とか裁判自体ものすごく時間がかかるので、もうとりあえず早く出すための

手続です。本来の本案訴訟、裁判自体はものすごく時間がかかるので執行停止という仮の決定で、ぱっと決めてしまう手続、暫定的に決めることです。簡単に言うとそういうことですが、この2020年3月19日の執行停止に関する決定のなかで、原告適格が4名認められていました。

　前の裁判長のときは、あくまで執行停止の段階、仮の手続のなかでは原告4名については訴える資格がありますとなりました。ただ、結論としては、重大な損害を避けるための緊急の必要性という法律の要件があって、それが認められないという判断、つまり、この執行停止の申立ては認められないという判断はしたのですが、原告適格は認めました。

　つまり、地裁の執行停止に関する判断のなかでは、原告適格につき、4名が認められることを前提として、訴訟手続きが進んでいました。それが2021年4月に裁判長が交代して、その後、審理が続けられた結果、結局この4名も原告適格が認められない、ということで全員が却下されてしまった。この判決の結果に対して現在、控訴中ということです。

　このように、前の裁判長は正直、辺野古周辺住民の訴えを認めようとしていたら、まず、最高裁がいやここの論点（固有の資格）について判決を出しますよと、次に、原告適格も認められていたにもかかわらず、裁判長が変わったら原告適格を認めません、ということになってしまったわけです。これは、国の意向を尊重する裁判官がやってきて、国に対する住民の訴訟を潰すということです。ただ、裁判官によっては、ちゃんと判断すれば、これがおかしいことはもちろんわかるはずです。

5 問題点

　周辺の住民が直接被害を被る、ということは誰が見ても明らかなのに、国の意向を汲んだ裁判官がこれを認めない。基地ができ上がった後の飛行騒音その他の被害、うるさいとか落下物などの危険性ですね。そんなのは埋立ての段階では関係ありません、となる。

　それでは埋立てが終わって基地としてでき上がって、では、「飛ばすな」という裁判をやったらどうなるでしょう。ご存じのように嘉手納とか普天間では、それは米軍がやっていることなので日本の裁判所に訴えられても困りますよとなります。

　精神的苦痛を被っているね、では、お金渡しますね、けど差止めはできません。だって日本がやっているんじゃなくて、アメリカがやっているんだから、こっちに訴えられても困りますよとなります。埋立ての段階では埋立てができ上がった後に、確実に米軍機が飛ぶのに、それのことは言わせてくれない。ではでき上がった後にそのことについて言ったら、いやそれは日本の裁判所で言われても困りますよ、となる。「それじゃあ、どうしろって言うんですか」。そういうたらい回しの形となります。

　常識的に考えれば、これは米軍が使うことはもう決まっているので、裁判所にはそこのことについても判断してもらい、どんな被害が原告らに生じるのか、ということについても、しっかり判断をすれば原告適格は当然認められます。さきほどお話しがあったように、いかにずさんなこの計画で、本当にちょっとした地震で崩壊するような基地を辺野古につくろうとしています。それ自体認めることがおかしいので、当然住民側が勝てるはずの裁判なのですが、今のところ訴える権利がないとして、原告適格がないとして負けております。

ただ負けておりますといっても、今まだ計画変更の不承認を支持する裁判のほうは那覇地方裁判所に係属してますし、もう１つのほうも高等裁判所に係属しております。十分勝てる裁判だと、われわれ弁護団として、また、原告団としても考えております。しっかりこの不当性と闘って、また県側とも意見交換しながら連携してこの裁判をしっかり闘って勝ち取っていきたいと考えております。

　時間オーバーしましたが、私からの説明は以上です。ありがとうございます。

パネルディスカッション

コーディネーター ● 本多

　ありがとうございました。住民の方々が、撤回に関して国土交通大臣が行った取消裁決についての訴訟と、変更不承認に関して国土交通大臣が行った取消裁決についての訴訟を闘っていますが、その中で撤回取消に関する裁決の訴訟の地裁の審理ではかなりいい線までいったとの話しが紹介されました。住民の被害であるとか、そういったものをきちんと話せば、やはり裁判官も理解をしてくれる方がいたということですね。今、県が上告していますが、最高裁判所の裁判官にもぜひわかっていただきたいと思っています。

　このセッションの冒頭で紹介し忘れたのですけれども、実はオンラインで登壇されている方がいらっしゃいます。岡田正則早稲田大学教授でございます。今、スクリーンに映っていらっしゃる方です。岡田先生には後ほど一言コメントいただきます。また、申し遅れましたが、司会は私、主催者の辺野古訴訟支援研究会・事務局長の本多滝夫が務めさせていただきます。

　それでは、パネルディスカッションに入っていきます。

　最高裁へ上告したということで、いよいよ、辺野古新基地建設をめぐる裁判も大きな山場を迎えております。先ほどから報告者の方々からも紹介がありましたように、裁判はすでに4回最高裁に上告され、そのうち1回は僅差でしたけれども、最終的には4回とも県の方の敗訴になってしまいました。そうすると、最高裁というのは、国に抵抗す

る自治体の主張を認めることはないのだ、とみて、今回もどうせだめじゃないかというふうに思ってる方も多いかと思います。そういうところ、手前味噌で恐縮ですけれども、一昨日、(2023年) 4月20日の琉球新報の文化欄に「相克を読み解く─辺野古裁判」という連載の中で、最高裁判所、実は捨てたものではないところもあるという趣旨の論稿を載せていただきました。要するに、最高裁もやろうと思えばやってくれる、できる子だよ、ということなんです。先ほど紙野先生が報告されたようにきちんと批判すべきところは批判しつつも、最高裁の良いところを伸ばしていくことが必要ではないかと思います。その点につきましては、今回の高裁の判決は最高裁が出してきた判例にも違反しているのだ、そこは大きなポイントだ、ということを加藤弁護士もおっしゃっていたわけです。この点をもう少し掘り下げていきたいと思います。

　立石先生と川津先生からの報告を踏まえて、基調報告者の方から補足あるいはコメントがございましょうか。

パネリスト ● 加藤裕

　はい、ではお二人の報告を受けてということですけども、立石先生からいくつものその地盤の問題等が指摘されました。軟弱地盤の問題は県の方の不承認処分の理由としても挙げていますが、国はいろんな理屈をこねて、いや安全性は確保されているのだといってるわけですね。

　このB-27地点の軟弱地盤についていえば、先ほどブルーで示されていた［報告1＝パワポ・レジュメ4頁、L-08とL-12の間の上から2番目と3番目の地層］AFCとかAvf-cとかAvf-c2とかいうなかなか覚えられない地層区分ですけども、これ自体も、あのように描いてあるときれいに区分されているように見えるけれども、実は結構曖昧な部分

というのがあるのですね。他のところが似たような地質だから推測して大丈夫だというのですが、実はそこにも結構不整合で矛盾している部分があります。そういったことを高裁でも述べてきましたし、最高裁への上告でも述べているところです。こういったその軟弱地盤だっていうことだけでなくて、それを覆い隠そうとする国のその理屈はやはり科学的にもおかしいんだぞ、というところはきちんと、もっと明らかにしていく必要があります。それは市民の間でもそうだな、とすごく感じました。

　それから川津弁護士が紹介した住民のみなさんが提起した訴訟は、県がやっているからやられなくてもいいという訴訟では全くなくて、やはりできるところではあらゆる形でやっていくっていう意味では非常に大切だと思っています。とくに撤回取消裁決の訴訟については、県が提起した裁判については、2ルートとも結局中身の判断をしてもらえませんでした。

　謝花副知事が行った撤回については、国交大臣の裁決で取り消されたことに対して、1つのルートは地方自治法に基づく国の関与の取消訴訟を起こしたものです。国の関与の取消訴訟については、地方自治法に大臣の裁決はその裁判の対象から除くという規定があるのですね。除かれているにもかかわらず、なぜ裁判を起こしたのか。除かれる裁決っていうのは有効な裁決であって、国交大臣がやった裁決は固有の資格で本来やっちゃいけない裁決をやった、無効なものなんだ、名ばかり裁決なんだ、ということを認めろ、と裁判で主張したのです。最高裁は、先ほどもお話ししましたとおり、埋立承認処分、国が受けた処分は国の固有の資格において受けたものではない、だから有効な裁決なのだ、それだけをいって、県の請求を認めなかったのです。

　それからもう1つのルートは、この裁決に対して、一般の行政訴訟を起こしたものです。去年（2022年）の12月の最高裁判決は、要す

るに、行政不服審査請求で国交大臣が都道府県知事の処分を取り消す裁決をした場合に、その処分をした知事が属する都道府県が、裁決をした国交大臣を被告として裁判を起こすことなぞは、そもそも制度上予定されていないという解釈をして、中身の判決をしなかったのです。

　ですから今住民の皆さんが起こしている裁判では、原告適格という入り口論で非常に大変な闘いをしていますが、これを突破すれば裁判所は中身の判断をすることになります。撤回処分の中身の正当性は未だ裁判されたことはありませんが、これを今やろうとしているわけですよね。裁判所にきちんと問うということで、極めて重要な裁判だ、と思っております。

　私からとりあえず以上です。

コーディネーター ● 本多

　ありがとうございました。

　先ほどから話題に出ている問題として知事の裁量権の問題があります。今回は、とくに専門技術性が非常に問題になっていると思います。加藤弁護士からの報告にもありましたけれども、専門技術性という点で広い裁量権が知事にあるにもかかわらず、辺野古の問題が裁判所で審理されると、とくに今回の高等裁判所は裁量権がないかのように取り扱うのですね。じつは裁量権とは誰のためにあるのか、ということが問題だと思います。裁量権、専門技術的裁量を含めて、これは環境であるとか、国民の健康や生命が危険にさらされるとき、それを守るためにあるというように、最高裁は一部の判例でいっているわけです。そして、裁量権というのは一旦行使されたらそれでおしまいじゃなくて、適宜適切に行使されなければならないともいわれているのです。そのような観点からすると、今回の高等裁判所の捉え方は、専門家としてどのようにみえるのでしょうか。

パネリスト ● 立石雅昭

　私、先ほど想定外っていう話しをしました。まさに国民の生命と財産にかかわるようなことにおいて、これが安全であるのかどうか、財産あるいは権利を侵すことがないのか、これはやはりきっちり争わなきゃいけないことだと思います。そのときに、一方でこれでは安全ではない、事故が起こりますよ、という主張をする専門家がいるときに、そのことについてきっちり科学的に反論をする、いやこれだから安全なんですと、大丈夫です、という責任が設計をする方、辺野古の場合であれば防衛局に責任が全面的にあるということだとは思いますよ。それでなければ国民の生命と財産は守れない。

　そのために私は、やっぱり自治体の長というのは、それを国民の命を守るという立場で、専門的な問題にかかわっても、どう発言をしていくのかということだと私は思っています。

コーディネーター ● 本多

　ありがとうございました。自治体の長の責任にも言及いただきました。公有水面埋立法において、なぜ知事に広範な裁量権が認められているのか、そこをやっぱりきちんと考えていくことですね。

　その裁量権を目的に適うように行使しているのに、高裁はそれを行使することがおかしいというような言い方をしているわけですから、これは全く納得できないものではないかなと思います。さきほど紹介した最高裁の判例の論理からいっても、これはおかしいと思っています。

　知事の裁量権が重視されると、その背景にある自治をどのように豊かにしていくかということが重要だと思います。そうしてみると、やはり住民の方々で起こしている裁判には、すごく意味があると思いま

す。その点について、もう一言、川津先生の方から補足いただけない
でしょうか

パネリスト ● 川津知大

　住民の訴訟は先ほども申し上げたとおり、やはり実際に埋め立てら
れると埋立て自体によって、もう環境自体が享受できなくなる。ダイ
ビングツアーをしている方も原告になってますが、実際にそこでダイ
ビングできなくなります。飛行場ができ上がった後には、飛行機がぶ
んぶん飛んで非常にうるさい、そのような環境のもとで危険にさらさ
れるという状況に置かれるわけですね。

　さらに地震が起きたら、小さい地震でも崩壊するぐらいの危険な埋
立地の上に基地ができ上がれば、やはり住民が直接被害を受けるわけ
です。やはり埋立承認自体もそうですが、設計概要の変更についても
不合理だということで、埋立承認を撤回し、変更申請について不承認
をしたという判断は、ごく当然な当たり前の帰結です。ですから、こ
れらを取り消した裁決はいずれもおかしいと考えています。周りの住
民がそれを主張するのは当然の権利ですし、裁判所にはその周辺の住
民、直接被害を受ける周辺の住民の権利をしっかり認めて、中身につ
いてもしっかり審理して、そのおかしさをしっかりと判断していただ
きたいと考えています。

コーディネーター ● 本多

　住民の生命と安全を守る。そういった観点から知事が裁量権を行使
している、そして、それは、自治の名前においても行使している、そ
れを住民が支援をしている。このような構図が、今回の県が起こして
いる裁判や住民が起こしている裁判から見えてくると思います。

　こうしたことを踏まえて、最高裁判所に自治をきちんと埋解させ、

判決につなげていけばよいのでしょうか。そこら辺り何かヒントはないでしょうか。

パネリスト ● 紙野健二

　最高裁判所が判断した辺野古問題について、地方自治についてはほとんど何も言ってないに等しいと思うんですよ。他の事例については地方自治の事例でいくつかありますけれども、なぜこの事件については自治を言わないのか、という素朴な疑問があります。

コーディネーター ● 本多

　私もそのような素朴な疑問をもっています。先ほど紹介した琉球新報に掲載した論稿でも書きましたけれども、とある自治体が国の違法な関与によって不利益を被ったとして起こした裁判があるのですが、最高裁判所は、国の違法な関与によって重大な不利益を継続的に受けるといったことを、かなり重視をして、救済の論理を働かせて、その自治体を勝たせたわけですね。

　先ほど川津弁護士がおっしゃいましたが、一旦基地ができると、今の判例によれば裁判ではその爆音を止めることができないわけです。辺野古に基地ができると、沖縄県民にそうした弊害、重大な不利益が継続的に生ずるわけです。沖縄県はこれを代弁しているだけなので、やはり最高裁にはここをきちんと理解をしてもらいたいと、私は切にそれを願っております。

　ここで、パネリストとして登壇していただいている、オンライン上の岡田先生からもコメントをいただけませんでしょうか。

パネリスト ● 岡田正則（早稲田大学教授）

　本日はそちらにうかがうことができずに、申し訳ありません。オン

ラインから発言をさせていただきます。

　実は、行政法の解説として、『法学教室』という法律雑誌で（2023年）4月号から連載を始めています。3回目の6月号では辺野古訴訟について書きました。その6月号にちょっと挿絵を入れたのです。どういう挿絵かというと、ブタさんの右手の方にあるのは沖縄防衛局で、「助けて」と言ったときに左手のほうで「OK」っていうのが国土交通大臣です。このように、国という行政主体は右手と左手でやりとりをして、その下に沖縄県を押さえつけて、屈服させようとしているのです。雑誌には載せなかったのですが、本当は、固有の資格については、「こーゆーの、失格！」という句を入れようかと考えていたのです。

　今上告している最高裁での審理ですけれども、この挿絵で説明すると、まずこの右手の「Help」と言っている沖縄防衛局が、審査請求という行政組織の内部の救済の仕組みを利用できるのか、これが問題になります。結局、国の機関が仲間内の国の機関である国土交通大臣に助けを求めるわけですから、そういう国の機関の間での救済という手段は、これは使えないはずではないか、ということなのです。逆に、「大臣の裁決はおかしいだろう」という具合に沖縄県が国を訴えると、

出所：岡田正則「行政活動の主体と組織—辺野古埋立承認撤回事件—」法学教室513号（2023年）70頁（上部の台詞は本シンポジウムで付加した）。

国と沖縄県の関係は別の主体間の関係であるにもかかわらず、なぜか訴えることはできないのだという。こちらの関係が行政組織の中の関係に位置づけられる。ここが大変おかしなところです。だから、沖縄防衛局が仲間内の手による救済制度を使うのはおかしいだろう、これが一つです。

　それから左手の国土交通大臣の方ですが、裁判官が原告と利害関係人になっているのですから、裁判であれば、こうした裁判官は除斥されます。裁判官としては資格がないというぐらいの立場が国土交通大臣の立場なのに、裁判官と同じようなことをやってしまっている。しかも、裁判官役であったはずの大臣が、今度は、「埋立変更を承認せよ」という命令のようなもの（是正の指示）を出している。基地をつくれという姿勢丸出しで、公正さはまったくない。沖縄防衛局の代理人の立場になっている。最高裁判所には、このような国交大臣の権限行使のおかしさもきちんと審査していただきたいと思います。

　さて、（2023年）6月5日に東京にある弁護士会館2階講堂で、日本弁護士連合会の主催、東京3弁護士会の共催で、「辺野古の海から、考える—地方自治って、何だ？　司法の役割って、何だ？」というシンポジウムを予定しております。東京で、やはりきちんとこの問題を考えてもらうことが日本の地方自治、あるいは日本の政治や将来の人々にとって大変重要だという、問題意識で行います。講演ではまず、憲法学者の木村草太さんに「辺野古をめぐる憲法・地方自治と司法の役割」といったテーマでお話しをしていただく予定です。それから2人目は、本日の全体の司会をやっていただいている白藤博行さんです。白藤さんからは「辺野古の海、地方自治と民主主義は埋め立てさせない」といったテーマでお話しをいただく予定です。3人目が猿田佐世さんで、沖縄県の立場を考えてアメリカでもいろいろ活動している弁護士です。「辺野古問題を日米関係の中で問い直す」というテーマで国

際政治の面から語っていただきます。

コーディネーター ● 本多

　岡田先生の方から紹介がありましたが、6月5日、東京の弁護士会館で日弁連の主催でシンポジウムが行われます。このシンポジウムは、本日のシンポジウムに続く、第2弾ということで、沖縄から東京へ、そして最高裁判所の膝元でやるという、そういう大きなスケールで企画をしました。日本の法曹を巻き込んで、辺野古新基地建設反対運動を応援し、そして沖縄県を支援していこうという動きを大きく高めたいと考えています。ぜひとも皆さん、引き続きよろしくお願いいたします。

　それでは、予定された時刻を過ぎましたので、いささか中途半端なところがございますが、これをもちましてパネルディスカッションを閉めていきたいと思います。本日はどうもありがとうございました。

総合司会 ● 白藤博行

　それでは、本日、最初から今までずっと一番前で聞いていらした玉城デニー知事の方から、今日のご感想も含めて、「これから辺野古問題にどのように立ち向かうか」というお話しをいただきたいと思います、それではよろしくお願いいたします。

これから辺野古問題にどのように
立ち向かうか

玉城デニー（沖縄県知事）

はいさい　ぐすーよー　ちゅう　うがなびら

みなさま、こんにちは

　今日は、「辺野古裁判と誇りある沖縄の自治—裁判の今とこれから—」と題しまして、辺野古訴訟支援研究会、オール沖縄会議主催、共催でこのようなシンポジウムを開催していただきましたことにたいしまして、まず御礼を申し上げたいと思います。本当にありがとうございます。

　それぞれのみなさんからご発言がありましたように、いかに不条理に満ちた工事であるか、そして、自治の権限を踏みにじる高裁の判断であるかということがみなさんにもしっかりと伝わったと思います。ですから、この地方自治の自由と人権の公正な立場から最高裁はしっかりと判断していただかなければならないという思いを、みなさんと一緒に私も意を強くした次第であります。

　紙野先生の資料にもありましたとおり、沖縄で実践された自治を実現するさまざまな民主主義に目を背けるものであるということ、そして、翁長知事の当選、私の当選、これは民主主義の正当な選挙という手続を経て得られた辺野古反対という民意に対する答えでもあるとい

うことと、あわせて、そして、慎重にして周到な撤回にかかわる住民投票、さらには変更承認処分の際の県民や専門家集団の多くの意見に対して、しっかりと示されているということ、こういうことをもとに最高裁はこの国の司法のあり方と地方自治の尊厳についてしっかりと判断をしていただきたい。

　そして、そのためには辺野古のゲート前や県内各地、もちろん、全国でも辺野古のために文字通り体を張って、身を削って、時間をつくって活動していただいている方々に対して、私も最大の敬意と感謝を持ちつつ、より多くの方々にいかにして、この裁判は勝たねばならないのかということをみなさんからも伝えていただきたい。当然、私も不退転の決意でこの辺野古不承認に断固として取り組んでいきたいということを決意を新たにしたいと思います。

　県民は戦後27年間、米軍の施政権下でなんとか人権を取り戻したい、法の下に平等な暮らしを実現したいということでたたかってまいりました。それは銃剣とブルドーザーと言われるほど、厳しい米軍の布令と銃剣とブルドーザーによる土地の接収に抗ってきたこと、さらには1972年に祖国復帰を果たして以降も51年に渡って、この米軍が存在するがゆえにたたかい、争ってこなければならなかったという歴史的社会的な背景を早く解決してほしいという、たくさんの願いのもとでみなさんが行動してこられたこと。昨年（2022年）復帰50周年を迎えるに当たって、その前年に復帰50年を迎えるに当たっての新しい沖縄をつくるための建議書に込められたこれまでのこれからの沖縄の「来し方と将来」について、しっかりと国に対してアメリカに対して県民が願っていることを実現させるために、国はどのように、沖縄に国民に向き合っていかなければならないかということをしっかりとしたためさせていただきました。

　われわれは、その構造的な差別と言われている状況を国によって解

決させなければなりません。アメリカに行って問題を訴えれば、それは国内の問題だと言い、国に対して物を言えば、それは国と地方自治との関係の問題だと言う。つまり、対等の関係じゃないということも今日のたくさんの先生方やその裁判のあり方についても明らかになっているということ、しかし、ということは、そこに差別が存在するということを国が放置しているということにほかならないのです。

　だからこそ私たちは声を上げていかなければなりません。沖縄だけの問題ではなく、日本全体の問題としてほしいのです。われわれは100人いるクラスの70人のランドセルを預かって、預かり続けているわけです。

　青森県は9人分、神奈川・東京は5人分です。いかにこの状況が見えなくされているか、ということを私たちはこの裁判を通して、もっと明らかにしていかなくてはなりませんし、日々の私たちの主張によって、そのことをより多くのみなさんにしっかりと事実を、正義を、民主主義を伝えていかなくてはなりません。自分事として国民がそのことを知って初めてこの国の政治が歪んでいるということを正していくという有権者の正義の判断につながっていくものと思います。私たちはこれからも訴えてまいります。多くの専門家の方々、先生方とも連携をし、そして、一人ひとりの国民のみなさんとこの国の将来を、沖縄の将来を正しいものにしていくために、これからも一緒に頑張っていきましょう。

　まじゅん　ちばてぃ　いちゃびらな　やーさい
　勝つことは諦めないことです。
　にふぇーでーびたん
　ありがとうございました。

総合司会 ● 白藤

　力強いご挨拶ありがとうございました。

　本日のシンポジウムのテーマは、「辺野古裁判と誇りある沖縄の自治」でした。この「誇りある沖縄の自治」に込められている意味は、沖縄の県民のみなさんの尊厳をいかに守るかということ、これを守れない自治は意味がないということです。すでに、国の言い分を忖度し続けた国地方係争処理委員会は、私は死んだと思っております。今問題になっているは司法までも死んでしまうのかという問題です。司法が死ねば法治国というのも存在しません。みなさんの人間の尊厳をいかに守り続けるかということが最大の問題だと思います。

　岡田さんから東京でのシンポジウムの紹介がございましたが、今日を出発点にして東京へと引き継ぎ、そして最高裁に大きな影響を与えていく、そういう大きなうねりをつくっていきたいと思います。

　本日は長い時間にわたりシンポジウムにご参加いただき、ありがとうございました。

第2部

検証　辺野古新基地建設問題

第1章　辺野古裁判の経過
第2章　ずさんな辺野古新基地埋立て計画
第3章　辺野古裁判の検証と論点
第4章　住民たちの辺野古裁判
第5章　辺野古県民投票と沖縄の自治

辺野古埋立地（2022年7月27日、平良暁志撮影）

第1章

辺野古裁判の経過

前田定孝（三重大学准教授）

はじめに

　本書でいう「辺野古裁判」とは、主要には沖縄県宜野湾市にある普天間基地の移設先として現在工事が進められている、同県名護市東海岸に位置する、公有水面埋立法に基づく 2013 年 12 月 27 日の仲井眞弘多知事（当時）の埋立承認処分をめぐる、沖縄県と国（沖縄防衛局）との法的争いのことをさす。

　公共事業等に供するために海面を埋め立てるには、公有水面埋立法に基づいて都道府県知事が行政処分を通じてこれを認めなければならない。この行政処分については、地方自治体や民間企業に対して行う場合、これを「免許」と称し、国の機関に対して行う場合には「承認」と称する。本稿で対象とする辺野古新基地建設の場合、その区域となる辺野古・大浦湾沿岸部を埋め立てて陸地とする際に、その事業者となる防衛省沖縄防衛局は、国の機関であることから同法に基づいて「公有水面埋立承認出願」を行い、これに対して沖縄県知事の承認処分が必要となる。

本稿は、この承認処分に対する取消し、撤回、そしてその後の変更申請（出願）とそれに対する不承認処分をめぐるものである。そして、このうち、処分の「取消し」とは、その処分が不適法と判断された際に、もとの処分をした「処分庁」がみずから取り消す（職権取消し）か、または行政不服審査や裁判を通じて取り消されるべきものと判断された場合（争訟取消し）に、その処分の時点にさかのぼってその効力が否定される。これにたいして処分の「撤回」とは、処分後の何らかの事情変更によって、もとの処分の効力を維持できないとして、その撤回の処分時点から将来にわたって効力が否定されるというものである。

　この承認処分は、2015年10月13日に翁長雄志知事（当時）によっていったん取り消されたものの、2016年12月20日の最高裁判決で沖縄県が敗訴し、この取消処分が取り消されることで、承認処分の効力が復活した。さらにその後2018年8月31日に翁長知事死去後の知事職務代理から委任を受けた謝花喜一郎副知事が再び承認撤回処分をして再びその効力が消滅したのちも、その撤回処分をめぐる沖縄県と国との間での裁判等がなされた。そしてさらにその後沖縄防衛局から提出された設計概要変更承認申請に対して玉城デニー知事が不承認処分をしたことに対する、沖縄防衛局の行政不服審査請求や「国（国土交通大臣）の関与」による訴え等をめぐるものでもある。

　あわせて、県による再三の行政指導にもかかわらず沖縄防衛局が沖縄県漁業調整規則に基づく沖縄県知事の岩礁破砕許可を受けることなしに工事を強行し続けたことに対する民事差止訴訟（岩礁破砕無許可事件）や、沖縄県知事が沖縄防衛局から提出されていた、県漁業調整規則に基づく造礁サンゴ類特別採補許可をしなかったことに対する「国（農林水産大臣）の関与」をめぐる裁判も含む。

　以下本章では、［1］翁長知事の処分取消しをめぐる裁判、［2］謝花

副知事の処分撤回をめぐる裁判、[3] 玉城知事の不承認処分をめぐる裁判の順番で紹介する。岩礁破砕無許可事件は [1] で、また造礁サンゴ類特別採補許可をめぐる裁判は [4] として紹介することにしたい。

1 翁長知事の処分取消しをめぐる裁判

1）「良い正月になる」と埋立てを承認した仲井眞知事

　一連の発端は、上記のように 2013 年 12 月 27 日の、当時の仲井眞弘多知事による埋立承認処分である。その 2 日前、安倍晋三首相と会談して 2021 年度までに沖縄振興予算を毎年 3000 億円確保する等の「約束」を引き出し、「有史以来の予算、良い正月になる」と記者会見した直後のことであった。

　すでに「普天間飛行場代替施設建設事業に係る環境影響評価書に対する意見」のなかで、「環境の保全上重大な問題がある」ために、「地元の理解が得られない移設案を実現することは事実上不可能」とされ、意見書でも知事意見 1 件、指摘事項 25 項目 175 件が付せられつつも、その問題が解決されていないなかでの承認処分であった。

　この承認は県民の大きな怒りを呼び覚まし、仲井眞知事は翌 2014 年 11 月 16 日の県知事選挙で敗れ、代わって翁長雄志県政がスタートした。

2）翁長知事による承認取消しと 3 つの裁判

　翁長知事の就任後 4 か月も経た 2015 年 4 月に、菅義偉官房長官との協議が実現した。さらに 8 月 12 日から 9 月にかけて、5 回の集中協議を実施した。しかし論点が噛み合わないまま、9 月 7 日の第 5 回協議を最後に、協議は国によって一方的に打ち切られた。

　他方で翁長知事は、辺野古埋立てに関する第三者委員会を立ち上げ

た。知事は、7月にその「検証結果報告書」を受け、2015年10月13日に仲井眞知事の承認処分を、職権で取り消した。「普天間飛行場代替施設は沖縄県内に建設せねばならないこと及び県内では辺野古に建設せねばならないこと等」の「理由については……実質的な根拠が乏し」く、「本件埋立対象地は、自然環境的観点から極めて貴重な価値を有する地域であって、いったん埋立てが実施されると現況の自然への回復がほぼ不可能であ」り、「また、今後本件埋立対象地に普天間飛行場代替施設が建設された場合、騒音被害の増大は住民の生活や健康に大きな被害を与える可能性がある」こと、そして「沖縄県における過重な基地負担や基地負担についての格差の固定化に繋がる」こと——これらが承認取消しの理由であった。

翌10月14日、沖縄防衛局長は、国土交通大臣に対して、行政不服審査請求をすることで対抗した。同時に、取消処分の執行停止を申し立てた。本来、基本的人権の享有主体である国民が、その人権を守るために利用するのが行政不服審査制度である。それを、基本的人権を保障する側の主体であるはずの国の機関が、みずからの「人権」を主張して、しかも公有水面埋立法上の不服申立先として指定されているとはいえ、沖縄防衛局の上級庁である防衛大臣と同じく内閣の構成員である国土交通大臣に対して、行政不服審査を請求したのである。国土交通大臣も、2週間もしない同月27日、同日の閣議了解に基づいて異例の短時日のうちに、翁長知事の取消処分の執行停止（取消しになった処分の効力をいったん止める。すなわち処分の効力がいったん復活する）を決定した。

翁長知事は、国土交通大臣の執行停止は憲法違反として、国地方係争処理委員会（以下、係争委と略）に申し立てた。この申立てに対し同委員会は同年12月24日、審査を却下する決定をした。翌25日、沖縄県知事は、対抗策として那覇地裁に執行停止取消訴訟を提起した。

他方で執行停止の決定をする旨が了解された閣議において、国土交通大臣があわせて代執行の手続をとることも了解されていた。代執行というのは、都道府県や市町村などの「事務の処理が法令の規定に違反しているとき又は当該普通地方公共団体がその事務の処理を怠つている」と国が判断した際に、「その是正のための措置を当該普通地方公共団体に代わつて行うこと」（地方自治法245条1号ト）を認める最も権力性の強い関与である。11月9日に国土交通大臣は、代執行の訴訟を提起する前の段階として地方自治法248条の5第2項に基づいて翁長知事に承認取消処分を取り消すよう指示を行った。翁長知事がこれに従うはずもない。国土交通大臣は、さらに手続を進め、同条3項に基づいて代執行訴訟を翁長知事を相手取って提起したのである。対して翁長知事は、翌2016年2月1日、12月25日に提訴した取消訴訟とは別に、執行停止の取消しを求める関与取消訴訟を、福岡高裁那覇支部に提起した。

　福岡高裁那覇支部の多見谷寿郎裁判官は、この状況に対して和解を勧告。国は当初和解勧告に頑なな姿勢を示していたものの、3月4日（金）、和解が成立し、沖縄防衛局は3月7日に国土交通大臣に対する審査請求を取り下げた。

3）和解後、最高裁で承認取消しは違法と判決

　事態が動いたのは、週明けすぐの7日（月）であった。沖縄県との協議を始めることもないままに、国土交通大臣は、翁長知事に対して承認取消処分を取り消すように「是正の指示」をした。

　翁長知事はこの「是正の指示」という「国の関与」を受けて、同月22日、係争委に対して「審査の申出」をした。係争委の結論が示された2016年6月20日の決定通知は、「国と沖縄県は、普天間飛行場の返還という共通の目標の実現に向けて真摯に協議し、双方がそれぞれ納

得できる結果を導き出す努力をすることが、問題の解決に向けての最善の道である」と、まずは協議を求めるものであった。

　沖縄県は、国との「真摯な協議」を求める係争委の決定に不服はないため、是正の指示に対する取消訴訟を提起しなかった。ところが国は、沖縄県知事が地方自治法 251 条の 7 第 1 項 2 号イでいう「要求又は指示の取消しを求める訴えの提起をせず、かつ、当該是正の要求に応じた措置又は指示に係る措置を講じないとき」に該当するとして、7 月 22 日、不作為の違法確認訴訟を提起した。

　福岡高裁那覇支部（多見谷寿郎裁判長）は、2 か月も経たない同年 9 月 16 日、（仲井眞知事による）「本件承認処分が裁量権の範囲を逸脱・濫用した違法なものであるとは言え」ず、「取り消すべき公益上の必要が取り消すことによる不利益に比べて明らかに優越しているとまでは認められない上、その他の点を考慮すれば，本件承認処分の取消しは許されない」として沖縄県を敗訴させた。さらにその 3 か月も経たない同年 12 月 20 日、最高裁第 2 小法廷も、（埋立承認を判断した）「前知事の判断に違法等があるということはでき」ないことから、「本件埋立承認取消しは、本件埋立承認に違法等がないにもかかわらず、これが違法であるとして取り消したものであるから」違法であると判断し、翁長知事の承認取消処分を違法と判断した。

　翁長知事は同月 26 日、みずからの承認取消処分を取り消し、仲井眞知事の承認処分の効力が復活した。

　仲井眞知事が県民の意思を無視して承認処分をしたばかりに、この処分をめぐるたたかいに、その後 10 年もの時間が経過しているのである。

4) 工事再開後の岩礁破砕無許可工事

　こうして、辺野古・大浦湾の埋立工事が再開された。ところがこの

工事中に、沖縄防衛局が工事に必要な、沖縄県漁業調整規則に基づく沖縄県知事の「岩礁破砕許可」を受けることなく工事を実施していることが明らかになった。

　沖縄県漁業調整規則39条は、「漁業権の存する漁場内において岩礁を破砕し、又は土砂若しくは岩石を採取しようとする者は、知事の許可を受けなければならない」としている。元来名護漁業協同組合は沖縄県知事から、その工事区域を漁場の区域に含む第1種共同漁業権および第2種共同漁業権の免許を受けていた。この海域で工事を実施するに際しては、沖縄県知事の岩礁破砕許可が必要であった。

　ところが沖縄防衛局は、2017年4月1日以降、期限切れのためにその許可処分が失効したにもかかわらず、許可更新の申請もせずに、工事を続行した。名護漁協が総会決議によって漁業権を消滅させたことを理由に、もはや「漁業権の存する漁場」にあたらなくなったため、沖縄県知事の許可が不要になったと主張したのである。

　従来、漁業法および水産資源保護法を所管する水産庁は、2012年6月8日の「漁場計画の樹立について」との通知（技術的助言）の段階では、「漁業補償の際に、組合の総会の議決を経た上で、事業者との間で『漁業権の変更（一部放棄）』等を約する旨の契約が交わされる事例が見受けられますが、かかる契約行為はあくまでも当事者間の民事上の問題であり、法第22条の規定上、このことにより漁業権が当然に変更されるものではありません」と解していた。

　ところが2017年3月10日に、防衛省整備計画局長が水産庁長官に照会を行ったところ、水産庁長官は同月14日、「漁業権の設定されている漁場内のうちの一部の区域について、漁業権が、『法定の手続で特別決議を経て放棄された場合、漁業法第22条の規定に基づく漁業権の変更の免許を受けなくても漁業権は消滅し』、当該区域は、『漁業権の設定されている漁場内』に当たらず、岩礁破砕等を行うために許可を

受ける必要はないと解される」と回答したというのであった。

　原告である沖縄県知事は、「名護漁協による本件決議は漁業権の一部放棄に当たらないし、これに当たるとしても、漁業権の一部放棄は漁業権の『変更』（漁業法22条1項）と解されるのであって、同項所定の都道府県知事の免許がない以上、本件決議の効力はいまだ生じていず、工事を実施するには本件規則39条1項所定の沖縄県知事の許可が必要である」と主張した。

　この狙ったような突然の解釈変更。「都道府県知事の免許によって設定された漁業権の内容の変動は、新たな行政行為によってなされるべきであり、漁協の総会決議などの私人（漁業権者）の意思表示によって漁業権の内容を変動させることはできない」──沖縄県はこのように主張していた。

　そもそも仲井眞知事当時の承認処分に付せられた工事の条件である「留意事項」にも、「工事の施工について」として「工事の実施設計について事前に県と協議を行うこと」と明記されていた。にもかかわらず、沖縄防衛局はこの事項を無視して、勝手に工事を進めたのである。

　沖縄県は2017年7月24日、岩礁破砕差止訴訟を那覇地裁に提起した。

　ところが2018年3月13日、那覇地裁は、「本件差止請求に係る訴えは、原告が財産権の主体として自己の財産上の権利利益の保護救済を求める場合に当たらず、原告が専ら行政権の主体として被告に対して行政上の義務の履行を求める本件規則39条1項の適用の適正ないし一般公益の保護を目的とした訴訟であるというべきであるから、法律上の争訟に当たらない」との難解な理由で、裁判をすること自体をしりぞけた。

　さらに2018年12月5日、福岡高裁那覇支部は、「当該権限を無きが如きものとされる場合であっても、法規の適用の適正ないし一般的公

益の保護を目的として提起されたものである限り、同様である」と判断して、控訴を棄却した。

②　結局内容に立ち入った審査をしなかった承認処分撤回をめぐる裁判

1）翁長知事の命がけの撤回処分

　最高裁判所で翁長知事の承認取消処分が違法と判断されたからといって、辺野古の埋立てが沖縄県と沖縄県民にとって好ましいものとなったわけではまったくない。「あらゆる手段で辺野古を止める」「『辺野古に新基地を造らせない』という私の決意は県民とともにあり、これからもみじんも揺らぐことはありません」──この思いで翁長知事と沖縄県の職員は、沖縄県民の世論を受けて、とりくみを継続した。

　2018年4月段階で、大浦湾海底に2本の活断層とマヨネーズなみの軟弱地盤が存在していることが明らかになった。

　2018年7月27日。翁長知事は記者会見で、2016年12月の最高裁判決のあとに発見された大浦湾海底の軟弱地盤の存在の発見などの事情変更に基づいて、仲井眞知事による公有水面埋立承認処分の撤回処分をすると表明した。

　「仲井眞知事の承認処分は適法」との最高裁判決によって復活した2013年12月27日の承認処分について、その判決後において承認処分を維持できない理由が発見されたことから、承認処分のその後の効力を消滅させるとの判断である。

　翁長知事はその直後の8月8日、膵臓がんで亡くなった。しかしその3週間後の8月31日、知事職務代理者（富川盛武副知事）からの委任を受けた謝花喜一郎副知事によって、以下の理由で公有水面埋立承認撤回処分がされた。

「留意事項に基づく事前協議を行わずに工事を開始したという違反行為があり行政指導を重ねても是正しないこと、軟弱地盤、活断層、高さ制限及び返還条件などの問題が承認後に判明したこと、承認後に策定したサンゴやジュゴンなどの環境保全対策に問題があり環境保全上の支障が生じることは明らかと認められたことなどから、公有水面埋立法4条1項1号で規定する『国土利用上適正且つ合理的なること』の承認要件を充足しないことが明らかになったこと、留意事項1に違反していること、および公有水面埋立法4条1項2号で規定する『環境保全及び災害防止に付き十分配慮せられたるものなること』の承認要件を充足しないことが明らかになったことが認められる」ことから、「県としては、違法な状態を放置できないという法律による行政の原理の観点から、承認取消しが相当であると判断し」た。

そして翁長知事の死去にともなう2018年9月27日の沖縄県知事選挙で、玉城デニー知事が当選。県民の期待を受けた翁長知事の志は玉城知事に引き継がれることになった。

2) 謝花副知事の承認撤回処分に対する「国の関与」をめぐる沖縄県と国の争い

すでに述べたように、翁長知事の承認取消しの際に沖縄防衛局は、取消処分があった2015年10月13日の翌日である14日に行政不服審査請求を国土交通大臣にした。ところが今回の撤回処分（2018年8月31日）への国の対応は、その後1か月半も経った10月17日になって、沖縄防衛局が審査請求書と執行停止申立書と同時に石井啓一国土交通大臣に提出したというものであった。国土交通大臣は10月30日、執行停止申立てを認容した。

この執行停止決定に対し沖縄県は、これを実質的に国土交通大臣による地方自治法上の「国の関与」にあたり、行政不服審査請求をして

きた防衛省沖縄防衛局が、「国の機関又は地方公共団体その他の公共団体若しくはその機関に対する処分で、これらの機関又は団体がその固有の資格において当該処分の相手方となるもの及びその不作為については、この法律の規定は、適用しない」とした行政不服審査法7条2項でいう「固有の資格」にもとづいて行った申立てであって、不適法であるとして、11月29日、係争委に審査の申出をした。

2019年2月18日、係争委は、「処分の効果に着目すれば、埋立法は、免許と承認とにつき、埋立権限の付与という共通の効果を本来的効果とし、承認についても免許と同じ法的規制を加え、埋立地の所有権という埋立てに付随する効果について必要な規定を整備したもの」として、「免許と承認に係る上記の規律の差異は、承認によって埋立権限の付与を受ける国（の機関）が一般私人の立ちえないような立場に立つことを示すものとは解され」ず、したがって国は固有の資格において行政不服審査請求したのではないと判断して、審査申出を却下した。

3月22日、沖縄県知事はこの係争委決定を受けて、国土交通大臣による執行停止決定が「国の関与」にあたるとして、地方自治法251条の5に基づき、違法な国の関与の取消請求訴訟を提起した。

しかしながらその後4月5日、本件審査請求について、国土交通大臣が本件承認取消処分を取り消す旨の裁決をしたことから、いったん執行停止に対する関与取消訴訟を取り下げて、あらためて4月22日、係争委に審査の申出をした。6月17日、係争委は、本件裁決が同委員会で審査すべき「国の関与」に当たらず、同委員会の審査対象にならないとして、本件審査の申出を却下する旨決定した。沖縄県知事は2020年7月17日、地方自治法251条の5第1項に基づき、本件訴えを提起した。

第1審の福岡高裁那覇支部は2019年10月23日、「……埋立事業について、都道府県知事の許認可等がなければ施行できないのは、……

一般私人等であっても、国の機関であっても変わりがなく、埋立承認と埋立免許は、その性質・効果の面からみれば、いずれも埋立事業を実施しようとする者の出願に対し、一定の公有水面の埋立てを排他的に行って土地を造成すべき権限を付与する処分という点で共通している」こと、また、「埋立承認の実体的・手続的要件は、免許料に関する規定を除き、埋立免許の規定が全て準用され共通しており……国が公有水面を管理支配する権能を有していることなどに由来する特則も設けられていない」ことからすれば、「埋立免許によって付与される権限と埋立承認によって付与される権限とは本質的に異なるものではなく、都道府県知事は、これらの処分の可否を判断するという場面においては、基本的に国の機関と一般私人等とを区別することなく同様に扱うことが予定され」、したがって「国の関与」にあたらないと判断し、公有水面埋立法上、沖縄防衛局は行政不服審査請求を排除されていないとして、裁判を門前払いした。

　さらに最高裁も 2020 年 3 月 26 日、「国の機関等と一般私人のいずれについても、処分を受けて初めて当該事務又は事業を適法に実施し得る地位を得ることができるものとされ、かつ、当該処分を受けるための処分要件その他の規律が実質的に異ならない場合には、国の機関等に対する処分の名称等について特例が設けられていたとしても、国の機関等が一般私人が立ち得ないような立場において当該処分の相手方となるものとはいえ」ないと判断して、沖縄県知事の請求をしりぞけた。

3）謝花副知事の承認撤回処分に対する「国土交通大臣による取消裁決」をめぐる沖縄県と国の争い

　沖縄県は、上記の「国の関与」の取消しを求める訴訟とは別に 2019 年 8 月 7 日、同年 4 月 5 日の国土交通大臣の裁決の取消しを求めて、那

覇地裁に提訴した。

そこでは国交大臣の取消裁決の内容の適法性とともに、沖縄県が原告となる訴訟は司法審査の対象となりうるか（法律上の争訟）、および沖縄県には訴えの利益があるか（原告適格）が争われた。

この場合、その行政不服審査請求は地方自治法255条の2第1項1号により国土交通大臣になされることになるものの、沖縄県と国とは別個の行政体であって、地方自治法上「対等・協力の関係」とされており、決して上意下達の関係ではない。

第1審である那覇地裁は2020年11月27日、「国又は地方公共団体が提起した訴訟であって、財産権の主体として自己の財産上の権利利益の保護救済を求めるような場合には、法律上の争訟に当たるというべきであるが、国又は地方公共団体が専ら行政権の主体として国民に対して行政上の義務の履行を求める訴訟は、法規の適用の適正ないし一般公益の保護を目的とするものであって、自己の権利利益の保護救済を目的とするものということはできないから、法律上の争訟として当然に裁判所の審判の対象となるものではなく、法律に特別の規定がある場合に限り、提起することが許される」としても、（本件訴えは）「自己の主観的な権利利益の保護救済を求める訴訟ではなく、埋立法という法規の適用の適正ないし一般公益の保護を目的とした訴訟である」ことから、「本件訴えは法律上の争訟に当たらない」と判断。第2審である福岡高裁那覇支部も2021年12月15日、「自治権の侵害を理由として、本件裁決の取消訴訟に係る『法律上の利益』を基礎づけることはできないといわざるを得ず、このような帰結は、現行法の解釈上、やむを得ない」と判断した。

さらに高裁判決から1年以上も経った2022年12月8日、最高裁第1小法廷は、（法律は）「原処分をした執行機関の所属する行政主体である都道府県が抗告訴訟により審査庁の裁決の適法性を争うことを認

めていない」ため、「本件規定による審査請求に対する裁決について、原処分をした執行機関の所属する行政主体である都道府県は、取消訴訟を提起する適格を有しない」と判断して、沖縄県の訴えを門前払いした。

　一連の辺野古裁判を概観すると、翁長知事の承認取消しが争われた2016年12月の最高裁判決は、提訴期日が同年7月22日、高裁判決が出されたのが同年9月16日であった。最高裁判決は、そのわずか3か月足らずで出されたものであった。同様に承認撤回についての「国の関与」が争われた事件では、提訴が2019年7月17日、第1審の高裁判決がその3か月後の10月23日であり、その5か月後に最高裁判決が出されている。

　これに対して、承認撤回についての国土交通大臣の裁決に対する取消訴訟が争われた本件では、提訴が2019年8月7日、那覇地裁判決が2020年11月27日、福岡高裁那覇支部判決がその1年後の2021年12月15日、そして最高裁判決がさらにその1年後の2022年12月8日となっている。

　ところで、その期間には、設計概要変更の承認申請を玉城デニー知事が不承認とし、それをめぐる新たな裁判が展開していた。

　以下、その経緯をみてみたい。

3 　玉城知事の不承認処分をめぐる裁判

1）2021年11月25日、玉城デニー知事が埋立設計変更承認申請を不承認

　「『国土利用上適正且つ合理的なること』について、……地盤の安定性等に係る設計に関して最も重要な地点において必要な調査が実施されておらず、災害防止に十分配慮した検討が実施されていない」、災害防止に関して、軟弱地盤の最深部が位置するB-27地点において、地

盤改良を実施しても 20 メートルの未改良層となる粘性土 Avf-c2 層の性状を確認するめに必要な力学的試験を実施していないため、地点周辺の性状等が適切に考慮されていない」、そして「環境保全に関して、事業の実施がジュゴンに及ぼす影響について、埋立工事が行われ多数の船舶が航行していることからすれば、水中音調査を実施し、予測値と実測値を比較し、必要に応じて、予測の不確実性について、補正を行う等してより精度の高い予測値に基づき環境保全措置を検討することも実行可能であると考えられ」るものの、「水中音の調査は行われておりません」。

　玉城デニー知事は 2021 年 11 月 25 日、沖縄防衛局から提出されていた埋立設計変更承認申請に対し、これらの理由から「不承認」としたことを記者会見で説明した。

　従来の裁判が、仲井眞知事（当時）の埋立承認に対する翁長知事の取消しおよび撤回をめぐるものであったことに対して、この埋立設計変更承認申請に対する事案は、玉城デニー知事自身によるものであった。

2）国は行政不服審査と「是正の指示」のセットで対応

　国・沖縄防衛局はその直後の 2021 年 12 月 7 日、法令所管大臣である国土交通大臣に対して行政不服審査請求をし、また 2022 年 4 月 8 日、国土交通大臣は、知事の変更不承認処分の取消裁決を行うとともに、同時に「国の関与」として、「設計概要変更承認申請」について「承認するよう」、地方自治法 245 条の 4 第 1 項に基づき、「埋立地用途変更・設計概要変更承認申請について（勧告）」をしてきた。

　行政不服審査請求に対する裁決と地方自治法に基づく「国の関与」という、本来別の制度を同一のタイミングで行うという、まったく類例のないことであった。

さらに国は同月 28 日、「都道府県の法定受託事務の処理が法令の規定に違反し、また、著しく適正を欠き、かつ、明らかに公益を害している」として、「承認するよう」、「是正の指示」をしてきた。

　これに対して沖縄県は 5 月 9 日、4 月 8 日の不承認処分取消裁決に対し、5 月 30 日に 4 月 28 日の是正の指示に対し、それぞれ係争委に審査の申出をした。

　係争委は、このうち裁決についての審査の申出につき、7 月 12 日に却下するとともに、是正の指示についての審査の申出につき 8 月 19 日に、「是正の指示が違法でないと認める」決定をした。

　沖縄県は、国土交通大臣の不承認処分取消裁決に対して 8 月 12 日に、承認を求める是正の指示に対して 8 月 24 日に、それぞれ福岡高裁那覇支部に対し、これらそれぞれにつき、「国の関与にあたる」として関与取消訴訟を提起した。

　またさらに 8 月 30 日、沖縄県は、那覇地裁に対して、国土交通大臣による知事の設計変更不承認処分取消裁決の取消しを求める裁決取消訴訟を那覇地裁に提起した。

3）国が示した基準よりも高いハードルを設けると違法になるのか？

　そしてこのうちの 2 つの関与取消訴訟の判決が、去る 2023 年 3 月 16 日の福岡高裁那覇支部の判決である。

　福岡高裁那覇支部は、国土交通大臣の不承認処分取消裁決に対する訴訟について、「国以外の者が埋立免許に基づいて埋立てをする場合に適用される規定のうち、指定期間内における工事の着手及び竣功の義務に関する規定（13 条）等を、国が埋立承認に基づいて埋立てをする場合について準用していないが、これは、埋立免許がされた後の埋立ての実施の過程等を規律する規定であるところ、埋立法は、特定の区域の公有水面について一旦埋立承認がされ、国の機関が埋立てを適法

に実施し得る地位を得た場合における、その埋立ての実施の過程等については、国が公有水面について本来的な支配管理権能を有していること等に鑑み、国以外の者が埋立てを実施する場合の規定を必要な限度で準用するにとどめたものと解され」、「そして、このことによって、国の機関と、国以外の者との間で、埋立てを適法に実施し得る地位を得るための規律に実質的な差異があるということはできない」として、「固有の資格」に基づく行政不服審査の対象からの排除は認められないとした。

　さらに承認を求める是正の指示についての訴訟につき、「原告が、技術基準対象施設の建設等が災害防止要件に適合する又は適合しないとした判断に違法等があるか否かについては、当該判断につき、基準告示の規律を具体化した港湾基準・同解説の記述する性能照査の手法等に照らし、不合理な点がないか否かという観点から行われるべきもの」としたうえで、「本件変更承認申請における護岸に係る災害防止要件の審査において、あらかじめ B-27 地点において採取した乱れの少ないサンプルの力学的試験を経ていなければ、地盤特性値に関し基準告示に適合する性能照査が行われていないと判断することは、原告の処分理由等が指摘する……点を踏まえたとしても、特段の事情がないにもかかわらず、港湾基準・同解説の記述する性能照査の手法等を超えてより厳格な判断を行うものであり、考慮すべきではない事項を過剰に考慮したものというべきである」として、国の主張をそのまま認め、原告である沖縄県の主張をしりぞけた。

　もしもこのような理屈がまかり通るとすれば、国が示した基準に若干の地域ごとの特性を考慮した判断を県がした場合に違法と判断されるとすれば、それぞれの地方がたいせつなものとして守ってきた、あるいはそれぞれの地域ごとにたいせつにされてきた、固有の文化や自然環境の尊重すらも認められなくなるのではないだろうか。

もしもこの判決が正しいとすれば、地域住民の日々の生活、あるいは生業という事情と、国策という事情とが矛盾した場合に、地方自治体が住民の生活や生業を守ることすらも法的に不可能となってしまう。

4）「国の基準よりも厳しい基準で判断すれば違法」と地方自治を否定

　1999年の第一次地方分権改革・地方自治法改正の趣旨は、それまでの国の機関と地方自治体の機関とが、機関委任事務制度等を通じて法的に上意下達関係的な要素を残していたのに対して、国と地方自治体の関係を文字どおり対等・協力であるとして、「国が本来果たすべき役割に係る」事務であったとしてもそれを地方自治体が担う場合においてすらも「地方自治体の事務である」と整理しなおしたうえで、それぞれの地方自治体の裁量的な判断権をできるだけ尊重すべく制度化したというものであった。その経緯に照らしてもなお、「（国が示した基準を）超えてより厳格な判断を行う」ことを「考慮すべきではない事項を過剰に考慮した」としたこの判決は、少なくとも1999年の地方自治法改正の趣旨を真っ向から否定するものといわざるをえない。

　そこで想起されるのは、この一連の辺野古訴訟の判決のうちでも承認撤回をめぐって2022年12月8日に最高裁第1小法廷が出した判決で、「（当該処分が法定受託事務に係るものである場合に審査請求を当該処分に係る事務を規定する法律又はこれに基づく政令を所管する各大臣に対してすべきものとされている趣旨は）都道府県の法定受託事務に係る処分については、当該事務が『国が本来果たすべき役割に係るものであって、国においてその適正な処理を特に確保する必要があるもの』という性質を有すること（地方自治法2条9項1号）に鑑み、審査請求を国の行政庁である各大臣に対してすべきものとすることにより、当該事務に係る判断の全国的な統一を図るとともに、より公正な判断がされることに対する処分の相手方の期待を保護することにあ

る」とされた部分である。

　「全国的な統一」の名のもとに、今回の福岡高裁那覇支部の判決が示したように「（国が示した基準を）超えてより厳格な判断を行う」ことを「考慮すべきではない事項を過剰に考慮した」というのであれば、そこに地方自治、とりわけ「団体自治」が成り立つ要素は皆無となってしまう。

　この不承認をめぐる裁判は、「地方自治ってなんだ？」という問いかけを深刻なかたちで提起しているのである。

4　海の環境保全と開発が衝突した例
──造礁サンゴ類特別採補許可をめぐる裁判

1）突然の「資料提出」要求
　話は前後し、3年ほどさかのぼる。2019年11月14日、農林水産大臣からサンゴ類の特別採捕許可の事務処理に係る資料の要求があった。同年4月26日に、沖縄防衛局が、沖縄県漁業調整規則に基づいて小型サンゴ類3万8760群体の特別採捕許可申請をし、その「標準処理期間」が45日で、その期日が7月8日であったとして、県漁業調整規則の根拠法である水産資源保護法・漁業法の法令所管大臣である農林水産大臣が、地方自治法に基づく「国の関与」のひとつとして行ったものであった。

　資料提出の要求はその後12月24日にもなされ、さらに2020年1月31日付けで農林水産大臣は、同年2月10日までに沖縄県知事に対して許可処分をするように「勧告」を行ったうえで、2月28日、許可処分をするように「是正の指示」をしてきた。

　沖縄県は2020年3月30日、この「是正の指示」に関して係争委に対して「審査の申出」をした。対して6月19日、同委員会は、以下の

内容で決定をした。

「（地方自治法第245条の7第1項に基づく本件是正の指示が違法でないとの判断をするに際して）沖縄防衛局長から提示された移植の実施方法等の内容が環境監視等委員会の助言を受けて決定されたものである場合には、同委員会の調査審議の過程に看過し難い過誤や欠落があったことなどによりその助言が不適切であるといえる合理的な理由がない限り、審査申出人は、その内容に基づいて裁量審査をすることが相当」であるものの、「（環境監視等委員会の）調査審議の過程に看過し難い過誤や欠落があったという状況は認められず、その結果採用されたサンゴ類の移植に係る内容が不適切であるというような事情は見当たらないから、審査申出人は、同委員会の助言を受けて沖縄防衛局長が提示したサンゴ類の移植に係る内容に基づいて裁量審査をすることが相当であった」。

要するに係争委の判断は、沖縄県知事の許可を受けて埋立事業を実施する沖縄防衛局に設置された「環境監視等委員会が示した指導・助言」が、漁場や水産資源の保護を目的としてなされる造礁サンゴ類特別採捕許可についての沖縄県知事の判断を拘束するというのである。

環境保全に適切かどうかを判断する権限を委ねられた沖縄県知事が、その許可申請者であり事業者（埋立者）の主張に、その裁量判断を拘束されるのか。通常の行政判断であれば絶対にありえない。

福岡高裁那覇支部は2021年2月3日、「沖縄県知事は、漁業法及び水産資源保護法の委任を受けて本件規則41条に基づく特別採捕許可の制度を設けたものであり、同制度に関して上記のような審査基準が定められているにもかかわらず、当該基準に適合する申請を許可しないことは、それを正当化する特段の事情がない限り、漁業法及び水産資源保護法により委ねられた裁量権の行使を誤るものであり、その裁量権の逸脱又は濫用に当たる」とし、「移植の具体的内容・方法は本件サ

ンゴ類の避難措置という目的に照らし適切なものであるといえ、本件指示の時点で、本件各申請は妥当性等基準に適合しないと判断することは、判断の過程において考慮すべき事情を考慮しないこと等によりその内容が社会通念に照らして著しく妥当性を欠くものといわざるを得ず、その裁量権の逸脱又は濫用に当たる」として、沖縄県知事の請求を棄却した。

　さらに最高裁第3小法廷も同年7月6日、「……本件埋立出願は、本件埋立承認により、環境保全等につき十分配慮されたものであることという公有水面埋立法4条1項2号の要件に適合すると判断されており、その設計の概要に含まれる本件護岸工事の実施は、本件図書に適合する妥当な環境保全措置が採られる限り、水産資源の保護培養等を図るという漁業法等の目的にも沿うもの」であり、「そして、……本件各申請の目的は、本件図書の根拠とされた環境影響評価書に基づく環境保全措置の実施にあった」ことから、「（沖縄県知事が許可をしなかった）判断は、上記のような本件護岸工事を事実上停止させ、これを適法に実施し得る沖縄防衛局の地位を侵害するという不合理な結果を招来する」として、沖縄県知事の上告を棄却した。

　ところが本件では、この最高裁判決に、宇賀克也・宮崎裕子の両裁判官の反対意見がついた。

　宇賀裁判官は、本件是正の指示の時点で設計の概要の変更承認の申請はなされていなかったことや、軟弱地盤の改良工事のためにはきわめて大規模な工事が必要になることから、「上告人が、本件指示の時点において、本件各申請を許可すべきか否か判断できないとしたことは、要考慮事項を考慮するための情報が十分に得られなかったからであり、そのことについて上告人の責に帰すべき事案であるとはいえない」とした。さらに宮崎裁判官は、「本件指示の時点では、大浦湾側の埋立てが2号要件に適合すると判断した本件埋立承認が形式的には有効に存

在しているとしても、その埋立て自体が不確定な状況になったことにより、かかる判断の対象である埋立ての設計の概要の変更（特に当初の設計の概要には全く含まれていなかった本件地盤工事を大浦湾側の大半において行うという大幅な変更）を余儀なくされ、その埋立てを行うためには変更承認を受ける必要があることが明らかとなっているのであるから、本件埋立承認においてなされた2号要件適合性の判断は実質的には無意味なものになっていると考えざるを得ない」とまで判断した。

　「本件護岸工事という特定の工事のみに着目して本件各申請の是非を判断するとすれば、『木を見て森を見ず』の弊に陥り、特別採捕許可の制度が設けられた趣旨に反する結果を招かざるを得ない」──宇賀裁判官による、この指摘は、まさにこの問題の本質を衝いたものであった。

おわりに

　2013年12月23日の当時の仲井眞知事による沖縄防衛局長に対する辺野古・大浦湾海域における公有水面埋立承認処分をめぐる、2015年以降にたたかわれている一連の沖縄県と国（沖縄防衛局、国土交通大臣、および農林水産大臣）との間の法的争いは、いずれも知事の取消し、撤回、そして不承認といった処分に対して、国の機関が法令所管大臣に対して行政不服審査請求をするとともに、他方でその法令所管大臣が、沖縄県知事に対して是正の指示をはじめとした「国の関与」をした点に特徴と共通性がある。

　そしていずれも国の側が勝訴している。

　一見すると沖縄県が連戦連敗にみえる。しかし、ことはそう単純ではない。

国が勝訴できた理由は、行政不服審査にこたえた国の大臣の裁決は、本来国と対等であるべき地方自治体の長の判断に対して国がみずからの判断を上書きしているにもかかわらず、「原処分をした執行機関の所属する行政主体である都道府県が抗告訴訟により審査庁の裁決の適法性を争うことを認めていない」ことから原告適格を欠く（最高裁第1小法廷判決2022年12月8日）と、形式的な判断をしたというものである。また「国の関与」である是正の指示を争う裁判では、「国の基準よりもより厳格な判断を行うものであり、考慮すべきではない事項を過剰に考慮したものというべきである」として、県知事が、国が示した基準よりも高いハードルを設けて判断すると違法であるといわんばかりの、知事の裁量的判断権を真っ向から否定する判断をした。

　いずれも、国と地方自治体を対等協力の関係として整理した1999年の地方自治法改正の趣旨を完全に無視するものである。結局のところ国は、このように判断してくれた裁判所を頼りにしてしか、裁判上勝利することができなかったのである。

　沖縄県民は、戦後約80年にわたって、1972年の本土復帰をはさみながらも、人間としての「誇り」とともに、経済的にも人間らしい暮らしができる「豊かさ」を求め、あきらめることなく、その最大の障害となってきたアメリカ軍基地の撤去を長年にわたって求めてきた。その「障害」の象徴的存在こそが、現在では辺野古新基地建設である。

　このとりくみの過程で、沖縄県民と沖縄県とのあるべき関係も明らかになってきた。

　地方自治とは、「住民の福祉の増進を図ることを基本として、地域における行政を自主的かつ総合的に実施する」（地方自治法1条の2）ものである。一連の裁判で問題となった公有水面埋立法や沖縄県漁業調整規則における権限が県知事に委ねられたのは、地域のことをよく知る地方自治体の長が、その権限を自主的総合的に実施しうるためであ

る。沖縄県知事は、公有水面埋立法や沖縄県漁業調整規則が命じる法律上の責務を果たす責務を負う。それゆえに沖縄県知事は、日本政府が求める米軍基地の建設や維持によって、沖縄県民が「誇りある豊かさ」の実現の条件が失われると判断した際、自らの責任を果たすため、政府と異なる判断をすることもある。これが、地方自治法のいう「住民の福祉の増進」の意味するところである。

　沖縄県民は、米軍新基地建設をめぐり、県民の住民自治、すなわち県民みずからの要求運動を実践している。他方で、沖縄県知事は、県民の意を受けて、その法律上与えられた権限を沖縄県民に最も適切なかたちで団体自治（地方自治体の国に対する自己決定）を通じて対峙することになる。ここで県政は住民自治と団体自治をつなぐカナメの位置にある。日本国憲法92条がいう「地方自治の本旨」とは、住民自治と団体自治が単に並列的に置かれた姿ではなく、地方自治体の主権者たる住民の意思に基づく住民自治という基礎づけのうえで、その正当に選挙された代表者としての地方自治体の長による団体自治がなされるという関係であったことが、この間の辺野古新基地建設をめぐる県民のたたかいや2019年2月24日に実施された県民投票、そして一連の裁判を通じて明らかになってきたのである。そこでは、人権、個人の尊厳、平和、持続可能性など、私たちが「やっと勝ち得た価値体系」というべき法の果たすべき役割が非常に明確になってきたことが注目される。

　そしてこの辺野古裁判では、司法権が自治権を保障する姿勢を示すのかどうかが争われているのである。

　このような沖縄県民と沖縄県、そして弁護士や行政法研究者によるこの数年間のとりくみは、辺野古新基地建設問題に端を発するものとはいえ、地方自治の保障が広く国民における「誇りある豊かさ」を誰一人取り残さず実現する上で不可欠なものであることを実証するもの

であり、それは、保守、リベラル、革新といったイデオロギーとは別
の次元のところのものである。

第2章

ずさんな辺野古新基地埋立て計画
―軟弱地盤対策と耐震設計の不備―

立石雅昭（沖縄辺野古調査団代表・新潟大学名誉教授）

はじめに

　普天間米軍飛行場の返還合意から27年。沖縄防衛局はその代替地として名護市辺野古沖合の海を埋め立て、滑走路2本を持つ飛行場と巨大軍港を膨大な税金で建設し、米軍に供与しようとしている。工事着工後、大浦湾側の埋立予定地に広い範囲にわたって軟弱地盤があることが明らかになり、沖縄防衛局は埋立予定地地盤の再調査とそれに基づく設計計画の変更を余儀なくされ、2021年設計変更を沖縄県に対して申請した。私たちはその調査内容や設計変更の申請内容について地質学・応用地質学的見地から検討してきたが、その設計計画は杜撰であり、埋立工事は早晩行き詰まる。普天間米軍飛行場の早期返還を求める沖縄県が辺野古新基地建設の設計変更を不承認とするのは当然である。

　本書第1部では、「辺野古新基地、高裁判決の問題点―軟弱地盤と耐震設計の検証なし―」の項で、沖縄防衛局による2020年の設計変更概要の最大の問題点、耐震設計の課題について報告しているが、本章で

は主に調査・解析と対策の不十分な軟弱地盤の課題について報告する。

1 軟弱地盤の軽視と改良工事の不十分さ

　軟弱地盤とは、土木地質分野では泥や多量の水を含んだ常に軟らかい粘土、または未固結の軟らかい砂からなる地盤を総称している。国土交通省の「宅地防災マニュアル」では軟弱地盤判定の目安として有機質土・高有機質土（腐植土）・Ｎ値３以下の粘性土・Ｎ値５以下の砂質土をあげている。その性質上、土木・建築構造物の支持層には適さない、とされる。

　埋立海域の軟弱な砂層と粘土層の分布については、第１部の報告に示している。軟弱地盤は建造物などを支持する力がないとともに、圧密で絶えず沈み続けたり、固い岩盤の上の軟弱地盤の厚さが異なることで生じる不等沈下、地震時に液状化するリスクが高い。沖縄防衛局は、大浦湾側に広く、そして厚く分布するこの軟弱地盤を、７万本以上の砂杭などを打ち込んで地盤を改良する計画としている。しかし、その改良は、深いところで、現在の装置や技術の限界である 70m までとしている。

1）深さ 70m 以深にも続く軟弱地盤は地盤改良しないまま、工事を強行

　防衛省は国会の場において「水面下 70m を超えた下には非常に硬い粘土層が分布する」と主張した。これは沖縄防衛局の資料に基づいても虚偽答弁である。第１部報告にある、「大浦湾側の護岸に沿った地質断面」の左側、軟弱な地層が最も厚く分布する B-27 ボーリング地点周辺の断面を拡大して**図１**に示す。調査団は**図１**の 77m 以深の沖積第２粘土層も軟弱な可能性があると考えるが、**図１**に示す資料でも少なくとも水深 77m までは防衛局が認める軟弱な沖積第１粘土層が続く。

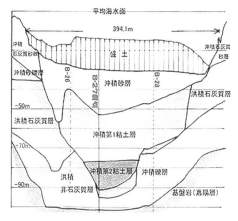

図1　護岸部で最も深くまで軟弱な地層が分布する、大浦湾側護岸部の南東部の地質断面。辺野古美謝川の沖合に続く谷筋付近の護岸建設予定地であり、最も深いボーリング地点（B-27）とその両側のB-26、B-28地点もあわせ示す。防衛局はB-27地点の沖積粘土層などの力学的強度などを意図的に測っていない。沖積とは、1万数千年の間に堆積した地層であり、洪積とはそれ以前の数十万年前から数万年前に堆積した地層である。このうち、防衛局が認める軟弱地盤とは沖積砂層と沖積第1粘土層である。
出所：沖縄防衛局（2019）資料を基に修正・加筆。参考文献参照以下同。

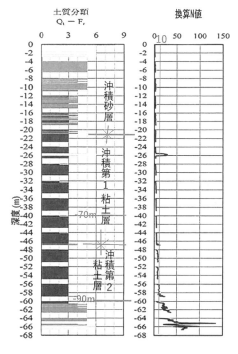

図2　B-27地点の土質分類並びに換算N値（総括図から1部抜粋）。
出所：沖縄防衛局（2018）。

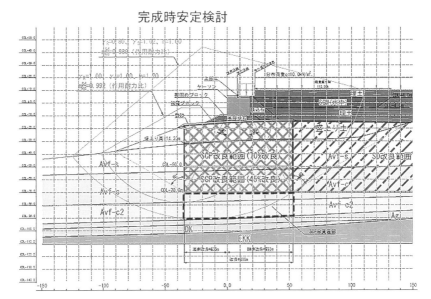

完成時安定検討

図3　大浦湾側護岸南東部 C-1-1 工区の護岸安定性能照査。護岸の地盤の安定性を検討するに当たって技術検討会では改良地盤の下位に連なる軟弱地盤については言及なし。
出所：沖縄防衛局（2019）。

図2に、シュワブケーソン新設工事（1工区）確認ボーリング報告土質調査（2）から B-27 地点の総括図のうち土質分類と換算 N 値を示す。防衛省はどのような力学的指標を持って、70m 以深は非常に固い粘土層と主張しているのであろうか。

　地盤改良を 70m までとする工事で、護岸とその基礎地盤の安全性が保たれるとする科学的根拠は全く示されていない。防衛省が 2019 年に設置した技術検討会では、70m までの地盤改良でよいとする科学的・技術的議論は行われていない。また、護岸の安定性照査に関しても、砂杭の貫通する部分と未貫通部（未改良部）の影響についても、全く議論が行われていない（図3）。

2) B-27地点の力学試験拒否──一般論に終始する日下部鑑定

　沖縄防衛局は、海面下90mまで、軟弱な沖積層が続くボーリング地点B-27地点（**図1**）での力学試験をかたくなに拒否し続けている。

　B-27地点については、南側滑走路の延長線上にあり、飛行場を運用するにあたって最も重要な護岸の1つであるC-1護岸地点となっている。

　また、当該地点付近は、地盤改良だけではなく、軽量盛土を行わなければ地盤の強度が保たれない土質となっていることから、地盤の安定について、「軽量盛土の範囲は、円弧すべり計算の照査基準値を満足するような厚さ及び範囲を変えて計算を行って設定してございます」（第2回技術検討会議事録、14頁）としており、B-27地点の強度が、地盤の安定性を保つために実施する軽量盛土の範囲を決定する重要な要素となっている。

　ところが、沖縄防衛局の設計計画では、B-27地点の力学的強度を、辺野古川沖合に連なる海底の谷筋でのボーリング（**図4、図5**）での値から、B-27地点での力学的特性も推論できると強弁する。この沖縄防

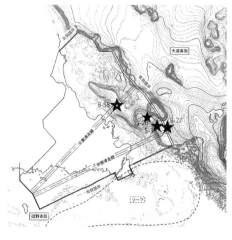

図4　B-27地点の力学的特性を推定するに際して用いた谷筋に沿った4地点の位置。
出所：沖縄防衛局（2019）資料を基に修正・加筆。

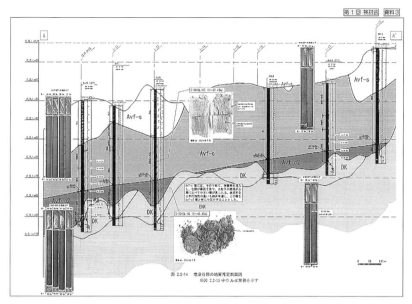

図5 辺野古川沖合谷筋に沿ったボーリング資料等に基づく、地質断面。この図に見るように、S-20, S-3 地点も、B-27 地点と同様、地盤改良される海面下 70m より深い位置に Avf-c 層（沖積第 1 粘土層）とさらにその下位の Avf-c2 層（沖積第 2 粘土層）が分布する。
出所：沖縄防衛局（2019）。

衛局の設計計画を妥当だとする日下部鑑定（令和4年3月）なるものが裁判資料としても重視されているが、この鑑定には、重大な疑義がある。なお、この鑑定は県からの質問に対する沖縄防衛局の回答、さらには再質問・回答というやりとりを経たうえでの県の意見への日下部氏の見解でもある。

　日下部治氏は「B27 地点の力学的試験の必要性について」で、「追加的に B27 地点での地盤調査を実施して力学的試験結果の情報を得なくても、現行の設計システムとして C 護岸の安定性能照査が適切にできる」と判断する根拠として、6 項目挙げている。すなわち、

　①検討対象地盤は、非排水せん断強度が深さ方向に直線的に増加し

強度の主要な支配要因が土の自重であるという特性を持つ。

　②護岸の安定問題は、平均値問題に属する。

　③空港建設に係る地盤の水平方向の相関性に関する過去の知見と矛盾していない。

　④費用対効果が低い。

　⑤安定性能照査の過程で、設計地盤図及び各層の力学諸係数の設定過程等に複数の安全側の配慮が存在する。

　⑥動態観測施工を実施する計画である。

　一見して、氏の論理は一般的な地盤の定性的な特徴を述べているだけの空疎な議論である。これが通用するならば、原位置における力学試験など必要なくなる。海面変動に伴って谷筋を中心とした浸食と谷埋めの堆積過程、その上で高海面期には海氾濫するという複雑な地層形成過程をたどってきた大浦湾側の複雑な分布を示す地層の力学特性を、広く横方向にほぼ均質に広がる海底下の地層と同列にこうした一般論で語り、設計する思想は危険である。

　①一般的には地層が深くなれば、砂質土では粒子の接触圧力が大きくなるのでせん断摩擦角は大きくなり、一方、粘土は圧密の進行により粘着力が大きくなる。②安定問題は平均値問題だからといって粘性土ではないより上流側の細粒分質砂の強度を用いてよいということにはならない。③で過去の知見と矛盾していないことは必要条件であっても十分条件ではない。④費用対効果が低いかどうかの判断は沖縄県の専権事項であり、そもそも費用対効果をいうならば、CPT（コーン貫入）試験をした後にB-27地点の力学試験をしていれば、早く、安く、正確に非排水せん断強さを知ることができた。⑤設計ではこのような安全側の配慮をした上で部分係数や安全率を設定しており、当たり前のことである。⑥動態観測による安定性の確保は、道路土工の擁壁工指針でいう内的安定の問題である。問題なのは盛土工指針でいう

全体安定の問題であり、動態観測で安定性が確保できるわけではない。

　また、日下部鑑定は、沖縄県が指摘した Avf-c 層では全地点と他の4地点の深さと力学強度の関係は近似しているが、Avf-c2 層では B-58、S-20、S-3 地点の深さと地盤強度の関係はバラバラであり、統計的に同じ地盤強度とはいえない。

　ア＝沖縄防衛局の回答では、S-3、S-20、B-58、B-27 地点の細粒分含有率が 50％ 以上となっており、同じ土層に分類したため、一般的に同じ強度特性を有していることから、追加のボーリング調査は必要ないとしている。

　県の質問の趣旨は、土層の分類や一般的な強度特性について聞いているのではなく、B-27 地点は、地盤の強度を保つために実施する軽量盛土の範囲の決定に極めて重要なポイントとなっており、C-1-1-1 工区の作用耐力比が永続状態で 0.992（C-1-1-2 工区では 0.995）と厳しい条件となっていることからすると、S-3 等 3 地点から推定したデータと比較して、わずかな強度の低下により、作用耐力比が 1 を超え、設計の安全性が担保されないこととなるため、護岸の十分な安全性を確保し、空港の安定的な運用を図るためには、B-27 地点における三軸圧縮試験等の土質の再調査が必要と考えた質問である。

　再度、B-27 地点の土質の再調査の必要性について、沖縄防衛局の考えを求める。

　イ＝B-27 地点の個別の土質について、土の力学特性に着目した分類において重要な要素となる細粒分含有率が、S-3、S-20、B-58 は概ね同じ傾向にあるのに対して、B-27 地点では明らかに異なっている。そのため、B-27 地点では、他の 3 地点から推計したデータを用いることによる精度が他の 3 地点より低く、B-27 地点の実際の強度、圧密特性が他の 3 地点の強度特性から計算した値との不整合が想定されることを踏まえた質問である。

沖縄防衛局の回答は、一般的に同じ土層では同じ強度特性を有するとの回答であり、B-27 地点の個別データの精度の相違による強度、圧密特性の違いについての考え方が示されていない。これらの要素は施設（護岸）の重要性や、軽量盛土の範囲を決定する上で重要な要素なっていることを踏まえ、B-27 地点における三軸圧縮試験等の土質の再調査を求める。

　ウ＝沖縄防衛局は技術検討会委員からの提言・助言に「設計する場合にはより精度の高いデータを得ることが非常に大事だと思うのです。そうすると、一般的には三軸試験とか、サンプリングをとってそれを力学的に試験して強度を求めるほうが精度が高い」と回答している。

　そのため、C-1-1-1 工区の作用耐力比が永続状態で 0.992（C-1-1-2 工区では 0.995）と厳しい条件となっていることや、地盤の強度を保つために実施する軽量盛土の範囲の決定に極めて重要なポイントとなっていることからしても、飛行場の安定的な運用を図るため、精度の高い、乱れのない試料を採取し、三軸圧縮試験等の土質の再調査が必要だと考えられるが、沖縄防衛局の考え方を明らかにするべきである。

　エ＝B-27 地点で推定された非排水せん断強さの深度毎の数値が示されていない。

　キ＝「港湾の施設の技術上の基準・同解説（平成 30 年 5 月）」（以下「港湾基準」という）300 頁には、「調査地点の間隔の目安を機械的に決定することは避けるべきである」との記載もあるが、「施設の工費や重要度も考慮しなければならず」、「地盤の均質性、不均質性が考慮されるべき最も重要な項目であり」とも記載されている。

　第 1 回技術検討会資料、28 頁によると、大浦湾の埋立計画地内には、埋没谷があり、それを埋める形で主要な沖積層が堆積しているとあり、成層状態が均質とはなっていない。さらに、B-27 地点については、南側滑走路の延長線上にあり、飛行場を運用するための施設（護

岸）として最も重要となる護岸の1つであり、細粒分含有率の点から
S-3、S-20、B-58地点と比べ不均質性がある。

　そのため、少なくともB-27地点付近のボーリング配置間隔は、港
湾基準、301頁の表1.2.1の(2)成層状態が複雑な場合を適用するべきで
ある。

　また、成層状態を把握することを目的をとした音波探査L-01を実施
した後、B-27地点のCPTの調査を実施したものと考えられるが、そ
の際に力学試験を実施しなかった理由を明示するべきである。

3) 作用耐力比と調整係数について

　C-2護岸を除くすべての地盤の作用耐力比が0.965以上（施工時また
は完成時）、特に、C-1-1-1工区、C-1-1-2工区、C-2-4-1工区、C-3-
1-1工区、C-3-2-1工区の作用耐力比は0.992以上となっている。これ
らの工区における護岸は私たちの解析では、規模の小さい地震によっ
ても崩落する可能性が高い。

　このように安定性が数値的に確保できない、ギリギリの状態である
のに①〜⑥の一般的・定性的な論理で安定性能照査が適切にできるな
どと結論することは誤りである。

　また、「地層区分が同じであっても、深さと非排水せん断との関係式
では深さをGL（海底面からの深さ）で評価し、深さの異なるデータ
処理になる。同じ地層として区分されても、強度が採取地点の深さで
別々に評価されます」との私たちの指摘に対して、日下部氏は「有効
応力の理解ができていない」と指摘している。

　私たちの指摘は、S-20地点とS-3地点のAvf-c2層が平均海面から
では同じ深さなのに、海底面からでは異なる深さにあり、同じ地層に
区分される地層であっても、その物性値の評価が変わることを述べた
ものである。両地点のAvf-c層とAvf-c2層の水面からの深さはほぼ同

じなのに、上位の Avf-s 層が 8m も異なり、それによる強度増加への影響がどれほどか、などが十分に吟味されていないことを踏まえた指摘である。

日下部氏はせん断強度等の主要な支配要因が土の自重であると述べている。C-2-4-1 護岸などの基礎地盤すべり面の上載地層のない法先地盤は Avf-c 層である。この Avf-c 層のせん断強さを、埋設谷の上載荷重のある Avf-c 層から算定することは論理的に矛盾していることが明らかである。

氏は、「以上を総合的に考慮して、施工時の地盤の安定性に係る調整係数については、計画された動態観測を着実に行い、計測施工を実施し、施工告示第六条『技術基準対象施設を建設し、又は改良する者は、第四条に基づく施工管理及び前条に基づく安全管理を施工する専門的知識及び技術又は技能を有する者の下で行うことを標準とする。(基準、67 頁)』を遵守することを前提に、施工時の安全率(調整係数)に 1.10 を採用することに鑑定人に異論はない」と結論する。

世界中でいまだ経験のない海面下 50m までサンドコンパイルパネル(SCP)による 70% 改良、CDL70m まで 45% 改良、それ以深は未改良という施工であり、しかも C-1 護岸付近は急勾配斜面である。このような事実、現実に一切触れることなく、「専門的知識及び技術又は技能を有する者の下で行うことを標準とする」を遵守する人的条件だけで調整係数を 1.10 にすることに異論はないと結論している。

「道路土工盛土工指針」が安全率を 1.10 としてよいとするには前提がある。すなわち盛土工指針には "盛土材料として含水比の高い細粒土を用いる場合や、軟弱地盤上の盛土で詳細な土質試験を行い適切な動態観測による情報化施工を適用する場合" という前提である。日下部氏は、動態観測と施工者の資質からすべての施工で 1.10 を是としているが、以下の項目に触れていない。

・道路土工では、最適含水比などの詳細な土質試験を行う。SCP施工では、投入砂の計量管理をするが、品質管理は道路盛土工と同じ精度でできるのか。

・国土交通省が令和2（2020）年3月に「TS・GNSSを用いた盛土の締固め管理要領」を作成した。この管理要領は「道路土工盛土工」にも適用されるものである。詳細に管理方法が記載されているが、深さ70mにも達するSCP施工に対し、同じ水準の管理要領はあるのか。

・道路土工では動態観測による施工において、管理値から外れた場合に可逆的に修正することができる（例えば、沈下量が管理値より大きい場合には原因を調査して余盛するなど修復できる）が、SCPの場合、施工は不可逆的であり、修正が困難である（例えば、SCPに座屈のような現象が生じたらそれは修復できない）。このギャップをどう埋めるのか。

・道路土工では、地上での施工なので盛土をする対象地盤の形状や強度などを数値と目視で確認できるが、SCP施工は深さ70mにも及ぶ海面下で、しかも起伏に富んだ地形である。計測機器が装備されているとはいえ、情報量が違う。このギャップをどう埋めるか。

4）地盤の安定性について

⑴要求性能

　日下部氏は「要求性能と設計供用期間が決定された」（3頁）と述べている。しかし、液状化に対する安定性は性能規定にない（第1回技術検討会資料、54頁）のに、液状化判定をしている。その一方、護岸ではレベル1地震動に対する安定性が性能規定としてあるのに基礎地盤の安定性照査をしていない。性能規定には壁体が安定することとあるので、壁体が安定する前提として基礎地盤の安定が求められるのは明らかである。それは滑走路などが健全であるために液状化判定をする

のと全く同じである。これらについて日下部氏は言及していない。

(2)地盤の安定性

日下部氏は、盛上り土の物性値や埋土地盤の不同沈下による脆性破壊の危険性など地盤の安定性に不利になる要因について言及していないので、その評価は信頼に足るものではない。

また、これだけ大規模な埋土地盤であるにも関わらず、レベル1地震動に対する安定性照査に言及していないのは、鑑定人としての適格性を疑わざるを得ない。

(3)平均値主義について

日下部氏は、「護岸の安定性は平均値問題である」と主張して、沖縄防衛局による今事案における護岸の安定性能照査も、この立場からのみ、妥当と鑑定しているが、これは近年における重要構造物の安全性に関わる知見を無視した議論である。

重要構造物の安全性を検討するに当たって、近年観測され、明らかにされてきた対象構造物を襲いうる最も大きな地震動の取り扱いや、逆に最も脆弱な地盤や構造物の設計・施工上の物性について、検討せず、平均的に扱ってよいという科学的・技術的根拠はない。

確かに、物性がいつの場合も得られるとは限らない、そういう際に、一時的に周囲で得られている物性値の平均を用いて類推することは許されるであろう。しかし、それでもって、安定性が確保されるとする論理は、県民・国民の生命・財産に関わって構造物を安全に建造、維持する責務を放棄するものと言わざるを得ない。

5) 工事中及び工事完成後、地震による護岸崩落の可能性について無視

調査団は2022年6月30日、「大浦湾の護岸は施工中あるいは完成時に崩壊する危険性が高い」とする解析結果を基に、防衛省・沖縄防衛局、ならびに技術検討会委員に再要請を行った。その解析結果は以下

のようにまとめられる。

　①大浦湾の埋立工事の期間中に、震度1以上の地震は必ず発生し、震度2以上の地震は非常に高い確率で起こること、②震度1以上の地震で少なくともC-1-1-1工区は完成時に崩壊する危険があること、③震度2以上の地震で、C-2工区以外の護岸は完成時に崩壊する危険があること、④震度3以上の地震で少なくともC-1-1-1工区は施工時に崩壊する危険があること等が指摘できる（第1部報告「大浦湾側の護岸に沿った地質断面」の図の上部に、崩落する可能性のある護岸部分を示している）。

　このような事態が予想されるのに辺野古大浦湾に護岸工事を強行するのは、無謀である。施工中および完成後も地震動に耐えられるという科学的根拠を示すことを求める。

2 耐震設計の基本
──震源断層としての活断層の調査・解析を放棄

　辺野古海域の埋立地内には陸域の断層につながりうる活断層が走る可能性が高い。加藤（2018）は沖縄防衛局が公表した辺野古の南に沿った音波探査で得られた深い落ち込み（**図6**）をもとに、2本の断層（辺野古断層と楚久断層）を推定し、活断層の可能性を指摘した。この海域に重要構造物を建設するにあたって、これらが、震源断層として将来地震を引き起こすか否かの調査・解析は、その海域への延長部を含めて、必須である。にもかかわらず、沖縄防衛局は、既存の論文に活断層の記載がないとの理由で、必要な調査・解析を放棄している。「設計概要変更申請」においても、活断層の存否について一切触れていない。辺野古断層や楚久断層が活断層であり、震源断層として活動すれば、M7クラスの地震が埋立地直下で発生する可能性がある。

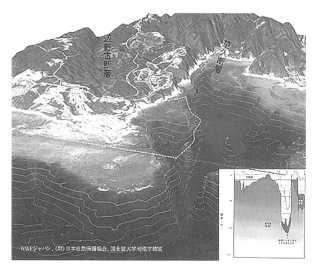

図6　辺野古崎周辺の地形。縦が強調されている。点線は埋立て予定地。破線は加藤（2018）が推定した2本の活断層。右下の図は埋立て予定地のおおよそ南側の線に沿った地質断面。矢印先端の位置が右下断面図の落ち込み部分。

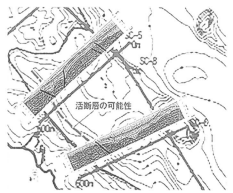

図7　防衛局による大浦湾側の音波探査記録から推定される谷筋に沿った活断層の可能性のある辺野古断層。音波探査側線 SC-5 及び SC-6 の位置とその記録を示す。

　沖縄防衛局はこの海域で音波探査（反射法地震探査）を行ってきたが、その解釈には大きな過誤がある。その一部を図7に示す。その記録をみれば、加藤（2018）が指摘した大浦湾側埋立地内の中央、辺野古美謝川の河口沖合で海岸線に平行に走る海底の谷筋は、活断層の疑

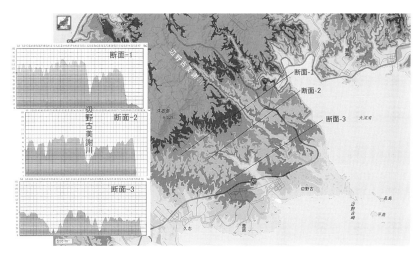

図8 名護市辺野古周辺の地形と断面。辺野古美謝川を挟んで両側の比高の明確な差、並びに東側の地塊の系統的な西側への傾きは、辺野古断層の新しい時期の活動を示す。

いが強い。沖縄防衛局は陸域における段丘地形の変位・変形の解析（図8）とともに、これらの海域音波探査断面の地質科学的な検討を行い、活断層の存否を明らかにするべきである。

　重要構造物を建造し、その耐震設計を行う上で、敷地に影響を及ぼしうる地震の規模と揺れの大きさを想定することが基本である。そのためには敷地及びその周辺の震源断層の推定は必須事項である。沖縄防衛局の設計はそうした耐震設計の基本を無視していると言わざるを得ない。

3　地震調査委員会による南西諸島周辺の地震発生予測を受け止めるべき

　地震調査研究推進本部の地震調査委員会は、2022年3月「日向灘及び南西諸島海溝周辺の地震活動の長期評価（第二版）」を公表した。最

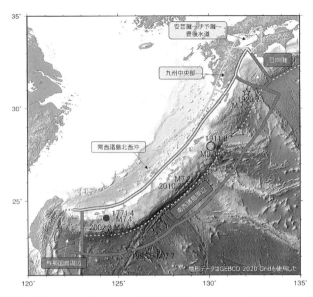

図9 地震調査委員会（2022）による南西諸島周辺のプレート間地震及び沈み込むフィリピン海プレート内地震の地震評価領域。南西諸島周辺域内の巨大地震（白丸）並びにM7.0〜7.5の4つの地震（☆）と八重山地震（濃墨）の震央を加筆。白破線は琉球海溝軸。図10で沖縄本島周辺を拡大。

新の知見を踏まえたこの長期評価では、新たに、南西諸島周辺及び与那国島周辺におけるマグニチュード（M）8クラスの巨大地震とともに、沖縄本島を含む南西諸島周辺でのM7〜7.5程度の地震の発生可能性を予測している。

　地震調査委員会は南西諸島周辺の琉球海溝に沿うプレート間／プレート内地震を予測するうえで1919年以降発生したM7〜7.5の4つの地震を取り上げて解析に供している（図9）。その1つが、2010年2月27日に沖縄本島南東沖の深さ37kmを震源とするM7.2（速報値6.9）の沈み込む海洋プレート内地震である（図10）。

　沖縄防衛局はキャンプシュワブ内（辺野古地先）に設置した地震計と防災科学研究所の強震観測網 K-NET 名護の記録をもとに、基盤に

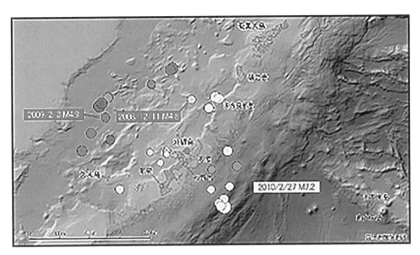

図10 沖縄本島周辺で2007〜2010年にかけて、発生した地震の震央と規模。沖縄防衛局はこれらの地震の内、2008年と2009年の本島北並びに北西の地震のみを解析に用いている。

おける最大加速度44ガルの重要港湾「運天港」の設計用地震動から辺野古埋立地の設計用の最大加速度39.8ガルのレベル1地震動を作成している。採用する基準、港湾基準か空港基準かの問題は本書第1部の報告で指摘しているが、沖縄防衛局が自ら基準とする「港湾基準」では、少なくとも3つの地震観測記録を検討して地震動（最大加速度や設計用地震波形）を設定することを求めているが、沖縄防衛局は2つしか使っていない。2008年12月に発生した沖縄本島の北西方向の地震と、2009年2月8日に北方向で発生した地震である。沖縄本島の北ないしは北西に比べて大きい地震が発生する太平洋側の地震を考慮していない。図11に、1997年から2019年の間に沖縄本島周辺で発生した地震の震源分布図（気象庁震源カタログ：地震調査委員会2022）に本島の北西で発生した2009年と本島の南東で発生した2010年の地震の震源を書き入れた。

　一方向からのみの地震で、このような位置と距離関係では、距離補

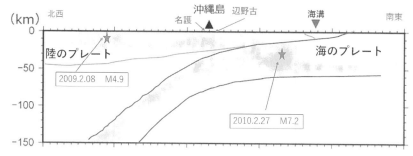

（km）北西　　　　　　　　　　　　　　　　沖縄島　辺野古　　　　　海溝　　　　　南東
　　　　　　　　　　　　　　　　　　名護

陸のプレート　　　　　　　　　　　　　　　　　　　　　　　　海のプレート

2009.2.08　M4.9

2010.2.27　M7.2

図11　沖縄本島周辺における 1997～2019 年の震源分布の断面。
出所：地震調査委員会（2021）に、2009 年と 2010 年の震源ほかを加筆。

正をしなければ設計用地震の強度が小さくなり、さらに質の悪い観測
波を使うと、運天港の地震動が安全な設計が担保されない地震動に変
換されてしまう可能性が高くなる。2009 年で計測を打ち切らず、セオ
リー通り 3 地震が観測されるまで続けていれば、2010 年 2 月に発生し
た沖縄本島南東沖の一群の地震（震央距離ほぼ 100km）を観測できた
わけであり、その中から質の良いものが選べたはずである。

　重要施設を設計するにあたっては、レベル 2（大規模地震）やせめ
て 2010 年 2 月の地震動を直接に設計用の地震動に加えることは常識的
なことではないか。ちなみに、この 2010 年 2 月の地震では辺野古より
離れた K-NET 名護では最大加速度 54 ガルを記録している。この地震
による辺野古地先に設置した地震計の記録は一切公表されていない。

　地震調査委員会が南西諸島周辺における地震の解析に用いている
2010 年 2 月の海洋プレート内地震を無視する沖縄防衛局の耐震設計の
不十分さは明らかである。

　沖縄県は 2013 年に本島東方沖の地震による沖縄本島での震度の予
測（本書第 1 部、筆者報告参照）をしていて、それによれば辺野古地域
は震度 6 弱以上で揺れる確率が高いとされている。

　沖縄防衛局による辺野古基地の設計計画では、耐震設計の基本を無

視するだけでなく、上述のような大規模地震動（レベル 2 地震動）に対する耐震設計を行っていない。大規模な重要施設において、レベル 2 地震動耐震設計を省略することは、現在の土木工学ではあり得ないことだと言える。

　地質学・応用地質学を専門とする私たち沖縄辺野古調査団は、地震調査委員会が南西諸島海溝周辺の地震の長期予測を公表したことを受け、改めて、防衛省・沖縄防衛局に対して、辺野古埋立工事の耐震設計を全面的に見直すことを求める。

参考文献

　普天間飛行場代替施設としての辺野古埋立工事に関わる大量で膨大な資料が、国会内の『沖縄等米軍基地問題議員懇談会』からの求めに応じて、防衛省から提供されている。また、防衛省は、2019 年に専門家からなる技術検討会を設置し、翌 20 年 4 月まで 6 回開催し、そのつど資料を提示している。本論考はこれらの資料に基づいて、検討・考察を重ねたものである。資料名の一部を下記に記述する。
・沖縄防衛局、2018 年「シュワブ（平成 26 年）ケーソン新設工事（1 工区）確認ボーリング報告　土質調査（2）」。
・沖縄防衛局、2019 年「第 1 回普天間飛行場代替施設建設事業に係る技術検討会」資料 3、76 頁。
・加藤祐三、2018 年「辺野古新基地の活断層と地盤」季論 21、2018 年秋号、111-117 頁。
・地震調査委員会、2021 年「日向灘及び南西諸島海溝周辺の地震活動の長期評価（第 2 版）」111 頁。

第3章

辺野古裁判の検証と論点

　沖縄防衛局は、名護市辺野古崎で進めているアメリカ海兵隊の新基地建設のための埋立工事の途上で大浦湾側に軟弱地盤が見つかったとして、埋立設計概要の変更の承認を沖縄県に求めていた。この変更の申請につき沖縄県（知事）が 2021 年 11 月 25 日に不承認の処分をしたところ、沖縄防衛局は国土交通大臣に対し審査請求をし、国土交通大臣は不承認処分を取り消す旨の裁決（以下「本件裁決」）を下した。沖縄県はその取消しを求める訴訟（以下「本件裁決取消訴訟」）と、本件裁決を前提として国土交通大臣が間髪入れずに知事に対し変更承認処分をせよと命じた是正の指示についてその取消しを求める訴訟（以下「本件指示取消訴訟」）を提起した。福岡高等裁判所那覇支部（以下「福岡高裁」）は、2023 年 3 月 16 日にこれら 2 つの裁判について判決（以下「3.16 福岡高裁判決」）を下した。本件裁決取消訴訟については訴え却下の判決、本件指示取消訴訟については請求棄却の判決で、いずれも沖縄県の敗訴となった。沖縄県は、判決を不服として、いずれの訴訟についても最高裁判所に上告受理申立てをし、第 1 小法廷において申立ての審理がされている（2023 年 6 月 30 日現在）。

　ところで、故・翁長雄志前知事による埋立承認処分取消し（2015 年 10 月 13 日）以降、沖縄県と国との間で裁判が繰り返されてきた。これまで最高裁判所で 4 回の判決—最高裁第 2 小法廷 2016 年 12 月 20 日判決（民集 70 巻 9 号 2281 頁。以下「2016 年最高裁判決」）、最高裁判所

第 1 小法廷 2020 年 3 月 26 日判決（民集 74 巻 3 号 471 頁。以下「2020年最高裁判決」）、最高裁判所第 3 小法廷 2021 年 7 月 6 日判決（民集75 巻 7 号 3422 頁。以下「2021 年最高裁判決」）、最高裁判所第 1 小法廷 2022 年 12 月 8 日判決（裁判所 Web サイト。以下「2022 年最高裁判決」）が下されてきた。裁判を通じて、国が、沖縄県が、さらに、裁判所が、日米同盟の信頼関係の維持の名の下で、地域の住民生活や住民の生命や人権に関わる問題について、どのような立ち位置にあるのか、どのような立ち位置をとろうとしているのかが明らかになりつつある。

　国は、関係省庁を結託させながら、従来の法の運用ルールを変えたり、私人になりすましたり、さらには、本来ならその利用は最小限度に抑えるべき関与制度を濫用したりするなど、新基地建設のためであれば何でもありの解釈論を展開してきた。

　これと対照的に沖縄県は、憲法や地方自治法、個別の法的仕組みに従って、従来の法理論の到達点を踏まえて、県民の生命や生活を守るために国との裁判を闘ってきたといってよい。

　それでは裁判所はどのような立ち位置をとったのだろうか。2022 年最高裁判決（サンゴ採捕許可保留事件）では 2 名の裁判官が沖縄県の主張を容れたが、これ以外の判決（本件判決を含む）では、裁判所はその本来の役割である行政に対するチェック機能を放棄して、国の判断に追従するばかりだった。

　この章では、これまでの辺野古裁判を検証するとともに、3.16 高裁判決の問題点を明らかにし、本件上告審で最高裁が審理すべき論点を取り上げる。

1 辺野古裁判の検証

【検証 1】
法解釈の恣意的な変更について

人見　剛（早稲田大学教授）

　第 211 回国会（2023 年 1 月 23 日召集）において国民の耳目を集めた問題として、放送法の解釈変更（政府の説明では解釈の明確化？）に係る 2015 年当時の担当大臣（総務大臣）であった高市早苗氏（現・経済安全保障担当大臣）に関する総務省の行政文書の「改ざん」問題があった。元々は、総務省の従来の放送法 4 条 1 項 2 号の「政治的公平であること」の解釈につき、マスコミ統制の強化を企図してその変更を官邸官僚が強要したのではないかという疑惑であったところが、国会質疑の焦点がずらされてしまった感は拭えない。

　だが、当時の安倍内閣では、政権の思惑に沿うように都合よく法解釈を変更したことは、一度や二度ではない。集団的自衛権の行使を容認する憲法 9 条解釈の変更をはじめ、検察官には適用されないとされてきた国家公務員の定年延長に関する国家公務員法 81 条の 3（現在の 81 条の 7）を当時の黒田弘務東京高検検事長に適用したことも記憶に新しい。こうした恣意的な法解釈の変更は、普天間基地の移設先を辺野古沖に固執する政権の政策の強行のためにも行われていた。それが、公有水面埋立法と漁業法の解釈の変更である。

私人なりすまし

　まず、2015 年 10 月、当時の翁長雄志沖縄県知事は、前知事の行った埋立承認処分を取り消したが、この取消処分に対して、沖縄防衛局長は国土交通大臣に審査請求と執行停止の申立てを行い、大臣は直ちに

執行停止決定を下し、沖縄防衛局は埋立工事を再開した。現在も2021年11月の埋立ての変更承認申請拒否処分をめぐって続いている、沖縄防衛局のいわゆる「私人なりすまし」による大臣の裁定的関与の問題の始まりである。実は、私人の埋立事業に係る知事「免許」（公有水面埋立法2条）と異なり、国の機関の埋立事業に係る知事「承認」（同法42条）は、そもそも行政機関相互間でなされる行政内部行為であるとするのが公有水面埋立法の国の元々の解釈であった。したがって、埋立「承認」には処分性が認められず、取消訴訟や審査請求の対象とはならないことになる。実際、仲井眞知事が行った2013年12月の埋立承認に対して住民が提起した取消訴訟においては、国の訟務検事が沖縄県の代理人として参加しており、彼らは、上記のような解釈に基づいて住民の訴えの不適法却下を主張していたのである。しかし、こうした公有水面埋立法の解釈は、選挙によって知事が代わり、県が埋立に消極的となるや、埋立「承認」も埋立「免許」と同様に審査請求の対象となる処分に該当するという形に180度転換されたのである（ちなみに、筆者は、埋立承認の処分性と取消訴訟の対象性を認めることに賛成であるが、審査請求の対象にはなり得ないと解する）。こうした掌返しの解釈変更の舞台裏が垣間見えているのが、次の漁業法の解釈変更である。

許可の不要化

　沖縄防衛局は、当初、「漁業権の設定されている漁場」である辺野古沖の埋立てに必要な沖縄県漁業調整規則39条1項に基づく岩礁破砕許可も取得して埋立事業を行ってきたが、その有効期間は2017年3月31日までであった。沖縄防衛局は、漁業権者である名護漁協に漁業権の一部放棄を求め、同漁協が2016年11月に放棄の議決をしたので、当該海域はもはや「漁業権の設定されている漁場」ではない、として上記県規則に基づく許可は必要なくなったとし、上記の許可の有効期間

経過後も埋立を継続した。

　しかし、漁業権の「一部放棄」は、漁業権の「変更」に当たるので、漁業法22条1項（現在の76条1項）により知事の許可があって初めてその効力が生ずるとするのが、漁業法を所管する水産庁の解釈であった。このことは、数度にわたる水産庁魚政部長通知（昭和27年10月2日付け27水第7902号、昭和46年11月18日付け46-8127）や国会答弁（答弁書第41号内閣参質102第41号昭和60年6月14日など）においても明確に示されていた。したがって、漁業協同組合が、漁業権の一部放棄の議決を行っても、それだけでは漁業権の一部消滅すなわち漁場の縮小という効果は生じず、そのためには知事の許可が必要であるはずであった。

　しかし、防衛省整備計画局長は、岩礁破砕許可の有効期間が切れる前の2017年3月10日、水産庁長官にこの漁業権の消滅の問題に関する照会を行い、直ちに同月14日に、「漁業権の設定されている漁場内の一部区域について漁業権が放棄された場合、漁業法22条の定める漁業権変更免許を受けなくても漁業権は消滅する」とする回答がなされた。この回答に基づき、沖縄防衛局長は、岩礁破砕許可の更新申請をしない旨を沖縄県知事に通告した。

　実は、この回答がなされた3月14日の数日前の同年3月8日、その午後5時36分から同46分までの10分間、当の照会者と回答者である高橋憲一防衛省整備計画局長と佐藤一雄水産庁長官、そして辺野古訴訟の国側代理人であった定塚誠法務省訟務局長と加計学園問題に関わって一躍有名になった和泉洋人首相補佐官の4名が首相官邸に集まり安部晋三首相と面会していた（2017年3月8日の首相動静）。この会談の2日後の3月10日に上記の漁業法の解釈に関する照会がなされ、すぐさま同月14日に水産庁長官は知事の許可が不要と回答したわけである。こうした事実関係は報道によって公知のところとなってお

り、その会談の内容が国会でも質されることになった。2017年6月6日の参議院外交防衛委員会において、藤田幸久議員がこの官邸での会談の内容を定塚局長と佐藤長官に質したが、両者は頑としてそれを明らかにすることを拒み続け、その内容は未だに公になっていない。

辺野古新基地建設事業の背後には、このような不透明で恣意性を疑われる法解釈の変更があったことを忘れてはならない。

【検証2】
自治体の出訴権と国の機関の審査請求資格について

岡田正則（早稲田大学教授）

「北朝鮮が保有する弾道ミサイルのうちノドンの射程外となるのは我が国では沖縄などごく一部である」（2016年9月16日の福岡高裁那覇支部判決）——日本政府はこのような理由で、辺野古沿岸域の埋立てによる新基地建設を沖縄県に強要し、裁判所もこれを追認してきた。

「ノドン」は1990年代のミサイルであって、2000年代以降の「テポドン」等が沖縄もその射程内としていることはいうまでもない。一方、中国が保有するミサイルの射程はまったく無視されている。普天間基地の移転先を辺野古とした理由がきわめて恣意的であることは明らかであろう。このような判断の根底には、日本の中枢にいる人々の《危険施設・迷惑施設は周辺部に押し付けてしまおう》という暗黙の欲求がある。原子力発電所や放射性廃棄物処理施設の設置も、同じような構図のもとで進められてきた。

立法権と行政権が恣意的な判断を行った場合、これを是正するのは司法権の役割である。ところが、辺野古関係の訴訟において、司法権はその役割を果たそうとしてこなかった。その1つとして、2022年12月8日の最高裁判決をみておこう。

2022年最高裁判決

　2018年8月、沖縄県は、沖縄防衛局の辺野古埋立工事が違法状態で行われているとして埋立承認処分を撤回した。沖縄防衛局は「一般私人」としてこの撤回処分の取消しの請求を国土交通大臣に申し立て、同大臣はこの請求を認容する裁決を行った。沖縄県は、《沖縄防衛局は「一般私人」用の免許処分とは異なり、国の機関用の承認処分に基づいて公有水面埋立法上の埋立事業を行なっているのであるから、国の機関である国交大臣に救済を申し立てる資格はない》と主張して、国交大臣の裁決の取消訴訟を提起した（この裁決が地方自治体に対する国の違法な関与だとする訴訟も提起したが、ここでは省略する）。

　第一審の那覇地裁は、《沖縄県が提起した訴訟は権利救済のための訴訟ではないので、裁判所が扱うべき「法律上の争訟」ではない》という理由で訴えを却下した。控訴審の福岡高裁那覇支部は、県の訴えが「法律上の争訟」にあたることを認めたものの、《県には原告適格がない、つまり埋立ての影響や海の管理に関わる県の利益は裁判での保護対象となる利益ではない》という理由で訴えを却下した。

　2022年最高裁判決も訴え却下の結論であった。沖縄防衛局の埋立工事の違法や国交大臣裁決の違法を是正する責任を回避したのである。そして訴え却下の理由については、「県の訴えは法律上の争訟ではない」とも、「県には原告適格がない」とも述べなかった。最高裁が説明しているのは、要するに、《地方自治法の定めによって都道府県は大臣の裁決を争えない》ということなのであるが、この事案での大臣の裁決は通常の裁決ではなく、いわば"身内の者による裁決"であって、異常なものであるから、裁判所が是正しなければならないものであった。

裁判所の責任

　このような"身内の者による裁決"が行われないようにするために、

行政不服審査法は、国の機関が「固有の資格」で受ける処分を審査請求の対象から除外している。つまり、国という特別の立場で都道府県から受ける処分について国の大臣が審査し裁決すると、どうしても〝身内の者による裁決〟になってしまうので、同法は、こうした処分を審査請求の対象外とし、裁判所の審査を直接受けるべきものとしているのである。

　沖縄防衛局が「固有の資格」で埋立承認を受けたことは明らかであった。というのは、「一般私人」とは異なり、沖縄防衛局は県の監督を排除して埋立工事を実施でき、工事完了の期間を指定されることもなく、竣功後に県から認可を受ける必要もなく、仮に竣功できなかった場合でも原状回復義務を負わないからである。ところが、この事案では、「固有の資格」で受けた処分について〝身内の者による裁決〟が行われてしまい、最高裁はそれを追認してしまった。今後、裁判所は何らかの機会にこうした判決を是正しなければならないであろう。

3.16 福岡高裁判決

　もう一つ、このたびの3.16福岡高裁判決も是正を免れないものである。この事案では、軟弱地盤区域の埋立てのために沖縄防衛局が出した埋立変更承認申請について県知事が不承認処分を行ったのであるが、これに対して国交大臣は「沖縄県知事は変更承認処分を行え」という是正の指示を出している。上記の高裁判決は、《事業開始時の承認制度と事業途上の変更承認制度とは実質的に同じなので、変更承認も国の機関が「固有の資格」で受ける処分ではない》という前提で、国交大臣の是正の指示が適法だと判断した。

　しかし、「一般私人」用の変更許可と国の機関用の変更承認とは明らかに要件が異なっている。たとえば、工事期間の伸長は、「一般私人」の場合には処分要件の1つであり審査の対象になるが、国の機関の場合には要件とはされていない。そもそも工事期間を3倍に伸長し、完

成の見込みも不明瞭であるような埋立事業は、民間であれ国の機関であれ許されるはずがない。最高裁は、国の機関による違法な埋立事業や地方自治の破壊行為を黙認するのではなく、法律の規定に従った審査と判断をしなければならない。司法権の存在意義が問われている。

【検証3】
裁決的関与の濫用と関与の不当連結について

白藤博行（専修大学名誉教授）

　一連の辺野古訴訟において、沖縄県の「敗訴」が続き、国に囚われた沖縄の「基地地獄」が続いている。沖縄県民は、満腔の怒りに震え、胸破れる思いでこの現実を直視し、しかし昂りを抑え、心を鎮め、これに抗う日々を送っているに違いない。国には、辺野古訴訟における不条理・理不尽な議論が、長年、基地問題で苦しむ県民の人間の尊厳を毀損し、沖縄の未来を奪い続けていることをまずは深く自覚してほしい。

　この節では、辺野古訴訟における国（沖縄防衛局）の無理筋な行政法解釈、そして、ことさら実体的判断を避け、実体的判断をしたとしても、いかにも国の意向を忖度するかのごとき判決（2022年最高裁判決）、3.16福岡高裁判決の問題点が指摘されてきた。そこで、知事の埋立事業の変更不承認にかかる問題点について、特に憲法の地方自治保障、それを具体化する地方自治法の趣旨・目的の観点から検討したい。

審査請求の狙い

　国は、知事の変更不承認に対して、埋立承認の取消・撤回のときと同様、またしても審査請求を申し立てた。そもそも国は行政不服審査法上の審査請求人たりうるかといった「固有の資格」論の再燃である。それにしても、国は、知事の変更不承認が違法であれば、公有水面埋立

法を所管する国交大臣が勧告・是正の指示等の自治法上の関与を直截できるにもかかわらず、なぜこれをしないで、同法255条の2第1項1号に基づく審査請求を執拗に繰り返すのだろうか。その理由は、①国の機関である沖縄防衛局を審査請求人に仕立て、国の機関である国交大臣が知事の変更不承認を取り消す裁決をすれば、たといその裁決が違法であっても、処分庁である知事にはこれを争う法的救済手段はないと一般に解されていること（2022年最高裁判決）。②知事は、裁決の拘束力（行審法52条）により当該裁決の趣旨にそった措置をとることを強いられ、これに反すれば、裁決の拘束力に反する違法な行為とみなされ、埋立承認を求める是正の指示等の適法性を根拠づける理由の一つにできると考えていること。さらに、③国交大臣の裁決は「裁決的関与」であることから、自治法上の関与の適用除外とされているため、沖縄県は、違法な裁決であっても、国地方係争処理委員会に審査の申出ができず、その結果、関与取消訴訟も提起できないと一般的に解されてきたことなどであろう（2020年最高裁判決）。いかにも沖縄県の裁判的救済を封じ込める狙いが丸見えである。このような「裁決的関与」の解釈・運用は、いわば「裁判抜き関与」の機能を果たすものだが、国・自治体間の対等関係を確保し、自治体を国の包括的指揮監督関係から開放し、違法な関与に関しては関与取消訴訟の提起まで可能とした自治法改正（1999年）の趣旨に反するものである。

国の誤算

　ただ、国にとっての誤算は、3.16福岡高裁判決が国の期待した裁決の拘束力を否定したことである。すなわち、裁決と是正の指示は、それぞれ内容・法的効果が異なる制度であり、特に是正の指示には関与取消訴訟が許容されており、行審法の争訟手続とは独立した司法審査が用意されている。この関与取消訴訟に裁決の拘束力を及ぼし知事の主張を制限する十分な根拠はなく、知事が審査請求手続において主張し

た自らの処分の適法理由を関与取消訴訟において主張し、是正の指示の適法性を争うことは裁決の拘束力に違反しないとしたのである。これは、取消裁決で知事の処分に違法の烙印を押し、あわよくば裁決の拘束力で是正の指示の適法性をも根拠づけようとした国の期待を打ち砕くものである。国の「国民なりすまし」あるいは「私人への逃避」戦略は奏功しないことになった。この限りで、3.16 福岡高裁判決は裁判所の矜持を示したものであると解したい。

関与の不当連結

　しかし、3.16 福岡高裁判決は、せっかく裁決と是正の指示の制度を截然と区別し、裁決に拘束されず是正の指示そのものの法令違反にかかる実体的適法性審査をすることになったものの、裁決と是正の指示の関与の主体、目的、内容および手続における実質的同一性の問題を見逃してしまった。つまり、両関与の主体は同一人物からなる同一の国の機関（国交大臣）であり、両関与の究極の目的は知事に変更承認をさせることであり、審理員意見書、裁決書、勧告および是正の指示書の内容は実質的に同一である。しかも、裁決と勧告が同時に、また是正の指示も近接して行われており、それぞれの関与手続が別個に行われた形跡はまったくない。これでは、行審法上、上級行政庁ではない審査庁（国交大臣）が知事に変更承認をすることを求める裁決まではできないため、自治法上の是正の指示等の関与で肩代わりしたようにしかみえない。こんなことなら、なぜ最初から是正の指示等の関与をやらなかったのか。国は、審査請求による簡易迅速な救済を言いながら、結局、煩雑迂遠な審査請求で遠回りしただけではないか。

　本来別個の制度であるはずの「裁決的関与」と「是正の指示関与」を重畳的・一体的に行うことは国の関与の強化に当たり、自治法の関与の最小限原則にも違反し、行政法学が禁ずるところの関与の主体、目的、内容および手続の違法・不当連結が強く疑われるところである。

憲法違反・自治法違反

　自治法は、憲法の地方自治保障の具体化法であることから、地方公共団体に関する法令の立法、解釈および運用のいずれにおいても、憲法の「地方自治の本旨」を尊重し、国と地方の適切な役割分担を踏まえたものでなければならないことを明記している（2条11項・12項）。辺野古訴訟における国の法令の解釈・運用は、憲法違反あるいは地方自治法違反の誹りを免れない。このように辺野古訴訟の本質は、形式的には、国と沖縄県との間の紛争であるが、実質的には、国が「国益」を優先して、沖縄県民の生命、生活、経済および環境をないがしろにしているところにある。最高裁は、大法廷に回付してでも、この問題に応答する責務がある。

【検証4】
最高裁の地方自治の理解について

本多滝夫（龍谷大学教授）

　これまでの最高裁が下してきた4つの判決ではいずれも県は敗訴している。こうした経緯に鑑みると、「最高裁は、国の政策に抵抗する自治体を勝たせることは無い」、「だから今度の上告も無駄だ」と考えたくもなるだろう。しかし、国の政策に抵抗した自治体に最高裁が軍配を挙げた裁判もある。ふるさと納税不指定処分に関する裁判だ。

ふるさと納税不指定事件

　ふるさと納税とは、ふるさとや応援したい自治体に寄付をした者が所得税の還付や住民税の控除を受けられる制度だ。しかし、ふるさと納税の制度は国や自治体全体の税収の総額を増加させるものではなく、国と一部の自治体の負担において他の自治体への税収移転を図るものだ。一種のゼロサムゲームの中で、多くの寄付を受けようとして、返

礼品を高額なものにしたり、換金性の高いものしたりする競争が自治体の間で過熱した。また、もっぱら高額な返礼品の取得と税額控除を目当てにして多額のふるさと納税をする高額所得者が増え、不公平税制だという批判も強くなった。

　事態を重くみた総務省は、2017 年に返礼品は寄付額の 3 割以内にするように、2018 年に返礼品は地場産品に限定するように自治体に通知をしたが、通知に従わない自治体も散見された。そこで、2019 年の法改正により、地方税法に自治体がふるさと納税制度を利用するためには総務大臣の指定を受けなければならない制度が導入され、総務省は、同法の委任に基づいて、通知で示していた返礼品を限定する基準（返礼品基準）を指定基準とする告示を定めた。ところが、総務省は、返礼品基準のほかに、指定を受ける前の一定の期間も返礼品基準に従い、他の自治体に影響を与えるような多額の寄付を受けてはならないという基準（寄付態様基準）も定めた。総務省が寄付態様基準を定めたのは、返礼品基準に従うと指定を求める申請書に書いてあっても、これまで通知に従わず、競争を煽ってきた自治体は信用できないし、他の自治体に対する示しにならないと考えたからだろう。そして、不指定処分の取消しを求める裁判を提起した自治体は、寄付態様基準を満たしていないことを理由に不指定処分を受けた自治体で、まさに通知に従わず、競争を過熱化させた張本人だった。

自治体の利益を保護する自治法の解釈

　争点は、指定される前に返礼品基準に従わなかったことを理由に不指定とすることができる寄付態様基準を総務省は定めることができるのか、というものだった。最高裁は、地方自治法 245 条の 2 が定める関与法定主義の原則と同法 247 条 3 項が定める行政指導不服従に対する不利益取扱いの禁止の原則を駆使して、寄付態様基準は指定制度を定めている地方税法の委任の範囲を越え、違法だと認定し、不指定処

分を取り消した（2020年6月30日判決）。

　判決のポイントは、指定制度が地方税法に定められていれば、裁判所は指定基準の内容を問わないというように関与法定主義の原則を形式的に解釈したのではなく、指定基準が地方税法の委任の範囲にあるか否かまでも裁判所に審査を求める原則だというように同原則を実質的に解釈した点と、自治体に継続的で重大な不利益を生じさせるものとなる寄付態様基準は政治的事項だから、地方税法の委任の範囲に入らないと解釈した点だ。最高裁は、この裁判で自治体の利益を守る立場から地方自治法を実質的に解釈することがあることを示した。

自治権を保護する自治法の解釈

　話を辺野古裁判に戻そう。県は、いずれの裁判においても、国の関与が地方自治法に違反し違法である旨を主張してきたが、その趣旨は県に自治権があり、その保護を最高裁に求めるものであった。しかし、最高裁は、地方自治法245条の3第1項に関与最小限度の原則が定められているにもかかわらず、是正の指示を定める同法245条の7にはその発動を限定的に解釈すべき法律の規定はないと解釈したり（2016年最高裁判決）、審査請求についての審査庁（国交大臣）の取消裁決は関与訴訟では争えないとの判断をしたり（2020年最高裁判決）、そのような判決が下される惧れから念のために県が自治権に基づいて提起した抗告訴訟については、都道府県が審査庁の取消裁決を争うことを認める明文の規定がないことを理由にして否定したり（2022年最高裁判決）してきた。

　自治体が具体的に権能を行使する際して個別の法律の授権は不必要であるという点で、憲法第8章による地方自治の保障は自治体に自治権を保障しており、この保障に対する侵害について自治体は裁判所に救済を求めることができるというのは憲法学や行政学ではいまや常識だ。地方自治法に定める関与法制のなかに国と自治体との紛争解決

の手続として主に自治体からの訴えの制度を設けたことは、こうした学説を背景にしたものだ。したがって、関与法制では裁決的関与には訴えの制度が適用されないことは自治権の裁判的な保護の観点からは重大な不備だ。かりに、2020年最高裁判決のように、審査請求人の権利保護といった立法政策的な配慮から当該制度の不適用を合理化できるとしても、通常の行政訴訟で、審査請求人も訴訟参加し権利保護を図ることができる裁決の取消訴訟までも、自治体からの提起を認めないことは憲法上許されるはずがない。2022年最高裁判決には、自治権に対する配慮がまったくなかった。

　数次の知事選挙や県民投票に支えられてきたのが沖縄の自治だ。自治体の利益が侵害されているとして自治体の側を勝たせたふるさと納税不指定処分の裁判。地方自治法の解釈において、その侵害に対する保護が、自治権とは必ずしも言いきれない利益侵害に対する保護に、自治権に基づく沖縄の自治が劣後するはずはない。覚醒せよ、最高裁。

【検証5】
行政の調査義務と民主的法治国家の原則

徳田博人（琉球大学教授）

臨時制限区域の拡大と無法空間の拡大

　辺野古の海を埋め立てて新たな米軍飛行場が完成し、米軍による供用が開始された後に当該供用施設の瑕疵（騒音、その他安全上の問題など）が明白となったと仮定しよう。これを理由に、周辺住民たちが差止請求訴訟を米軍や日本政府を相手に提起したとしても、現在の判例法理からすると、主権（裁判）免責の法理や第三者行為論などを理由として却下されることになろう（横田基地訴訟上告新判決・最判平成5年2月25日判時1456号53頁参照）。つまり、辺野古新基地建設

138　第2部　検証　辺野古新基地建設問題

は、事後的司法救済が機能しない無法空間を設定することを意味する。とするならば、仮に、辺野古新基地建設の是非をひとまず問わないとしても、少なくとも、辺野古の埋立段階で、地域住民の安全性や災害防止が確保されているのか、環境保全上問題がないのか、さらには民主的法治国家の原則に照らして、地域住民を納得させるだけの説得的材料を提供し（秘密主義の排除と公開の原則）、地域住民に基地を受容してもらう民主的な法運営（住民・県民との対話と承認の原則）をおこなうことが、基地建設を推進する国側には求められてくる。しかし、辺野古の埋立てをめぐっては、かかる法原則から乖離した国の法運営がなされている。

　この点につき、本件埋立承認後に、日本政府は、住民の妨害活動を排除するという名目で、日米合同委員会の合意を得て閣議決定を経て、2014年7月2日に、常時立入禁止となる臨時制限区域を拡大した。臨時制限区域の設置は、市民の立入りを阻止する法的根拠とされると同時に、沖縄防衛局の工事に法令上の疑義が生じた場合に、沖縄県の行政調査・確認を妨げるものともなっている。調査（情報収集）の先行しない行政決定（権限行使）はないと言ってよく、また、決定（権限行使）権を有する行政機関（行政庁）には、決定（権限行使）に先行して、行政調査義務を尽くす必要がある。これは民主的法治国家の原則から導かれるものであり、先の臨時制限区域の拡大は、民主的法治国家の原則を形骸化するものであり、辺野古埋立区域の無法空間の拡大を意味した。

沖縄防衛局の調査懈怠と後だし変更承認申請

　沖縄防衛局は、埋立承認の申請の際に、辺野古の埋め立てが海底地形の異なる広範囲に及ぶ埋立工事であるにもかかわらず、土質調査を4箇所のみで行い、それでも地盤等に問題はなく工事を安全に遂行できるとした。これに対して、沖縄県は、2013年12月27日の埋立承認

に際して、承認後の調査の継続と、全区域の護岸の安全性が確認された後に、具体的には全区域の実施設計を提出し沖縄県との協議が整ったのちに、埋立工事に着手するという留意事項（条件）を附した。それにもかかわらず、沖縄防衛局は、これまでの行政実務の解釈・法運用を変更し、安全性が確認されている区域と、今後の調査がなおも必要である区域（安全が確認されていない区域）を線引きして、埋立区域全体の安全性が沖縄県によって確認・審査されることなく、また、沖縄県による数度にわたる工事中止の行政指導にも関わらず、沖縄防衛局が安全と判断した区域の埋立工事を強行し続けた。このような状況の中、2018年3月に、大浦湾の海底で、地質調査が成立しないほど柔らかい地盤（軟弱地盤）が多数見つかり、その存在が公となった。沖縄県は、2018年8月31日、大浦湾の海底に広範囲に軟弱地盤が存在することや埋立承認の際に附された留意事項違反などを理由に埋立承認の撤回をした。これに対して、沖縄防衛局は、工事を再度進めるために、行政不服審査法を利用して身内の国土交通大臣に助けを求め、埋立承認撤回の効果を止めてもらった（2018年10月30日）。そのような中で、沖縄防衛局は、2020年4月21日、大浦湾側の広範囲にわたる軟弱地盤の改良等を内容とする設計概要等の埋立変更承認申請を行った。これは、沖縄防衛局が調査を怠ったことが原因で埋立承認自体が違法とされる恐れがあることから、後出しで変更承認申請をしたこと、さらに沖縄防衛局自体が埋立承認の撤回事由該当性を自認したことにほかならない。なお、埋立承認撤回をめぐる裁判では、裁判所（最高裁）は、本案に入ることなく、入口の問題で案件を処理する対応をした。

問題の本質は何か―沖縄防衛局の自己に有利な事実確定義務の懈怠

　沖縄県は、2021年11月25日、沖縄防衛局の埋立変更承認申請に対して不承認決定をした。変更不承認決定の理由の一つに、沖縄防衛局が軟弱地盤などの調査義務を尽くしておらず、特に、B-27地点は滑走

路の延長線上の護岸にあたり、他の護岸の安全性にも影響を与えうる施設であり、繰り返し、B-27地点のボーリング調査及び力学的試験のデータを提出を求めたが、沖縄防衛局がそれを怠ったことをあげている。沖縄防衛局は、地盤のモデル化を用いて調査をしており、これは港湾基準・同解説の認める範囲内であるから問題はないとした。

　3.16福岡高裁判決は、2016年最高裁判決を引用しながら、知事の判断の不合理性の有無の審査をするという。また、知事が、港湾基準・同解説の記述手法等を超えてより厳格な判断を行うことは、特段の事情がない限り、法の予定外であること、さらに、公有水面埋立法は、申請者から設計の概要として示された概略的な内容の図書等に基づいて知事が判断することを想定されていて、精密科学的判断を追求する必要がないこと、さらに、調査不足が原因で具体的災害の発生が高いとまでは断定できないことから、沖縄県知事がより厳格な審査を行うことは、裁量権の濫用にあたる、としたのである。

　繰り返しになるが、沖縄防衛局は、B-27地点のボーリング調査・力学的試験のデータ・資料を整えて提出することにつき、沖縄防衛局にとって有利な事実の提出であり、しかも比較的容易に提出できるにもかかわらず、それを提出しなかった。その結果、沖縄県は、災害防止要件（公水法4条1項2号）を満たすという合理的な確信をえることができず、埋立変更不承認という結論に至ったのである。3.16福岡高裁判決は、沖縄防衛局の軟弱地盤の「B-27地点」の調査不足、つまり、事実の確定をしないことが問題の本質であるにもかかわらず、知事の判断権の枠組みを矮小化したり、災害の発生可能性の問題にすり替えたりして、正確な事実に基づく審理を重視することなく、裁判官の頭の中だけで沖縄県の判断を「不合理」としたのである。

　公権力機関が、ある決定（裁判を含む）をするに際して、また、決定に至る過程の議論・審査を公正なものとするために、正確な事実が

決定や議論に先行して存在する必要がある。不正確な事実や証拠（特に物証）のない事実に基づく議論や決定は、誤った結果を生み、または生む可能性が高い。刑事裁判の場合であれば、えん罪の温床となり、民事裁判や行政裁判でも、誤審の温床となる。公権力機関の決定に先立って、正確な事実を収集・認識することは、民主主義や法治主義の土台作りでもある。したがって、3.16福岡高裁判決や政府の法運用は、民主主義や法治主義の土台を掘り崩すものであり、この現実を変えるために、換言すると、日本を健全な民主的法治国家とするために、沖縄県は闘っている。

［謝辞］
　この節の論考、【検証1】【検証2】【検証4】【検証5】は、もともとはシンポジウム「辺野古裁判と誇りある沖縄の自治」（辺野古支援研究会主催　2023年4月22日開催）に向けて琉球新報に4回にわたって連載されたものだ。また、【検証3】はシンポジウム「辺野古の海から考える　地方自治って、何だ？　司法の役割って、何だ？」（日本弁護士連合会主催、2023年6月5日開催）に向けて同紙に寄稿されたものだ。転載を快諾いただいた琉球新報社にお礼を申し上げる。なお、本書への転載に当たり各執筆者の責任において加筆修正を施している。

初出一覧
【検証1】　人見剛「相克を読み解く　辺野古裁判2」琉球新報2023年3月30日。
【検証2】　岡田正則「相克を読み解く　辺野古裁判3」琉球新報2023年4月6日。
【検証3】　白藤博行「地方自治から考える辺野古訴訟」琉球新報2023年5月25日。
【検証4】　本多滝夫「相克を読み解く　辺野古裁判4」琉球新報2023年4月20日。
【検証5】　徳田博人「相克を読み解く　辺野古裁判1」琉球新報2023年3月23日。

② 3.16福岡高裁判決の論点

　この節では、前節でも取り上げられている3.16福岡高裁判決に絞っ

てその問題点を裁判での争点ごとに批評することとする。なお、本件
裁決取消訴訟の争点は、本件指示取消訴訟の争点のうち争点2と争点
3と被るので、本件指示取消訴訟の争点に即して検討を進めることと
したい。

［争点］

　争点1　本件裁決の効力が本件指示取消訴訟に及ぼす作用について

　争点2　本件裁決の有効性について

　争点3　本件是正の指示の有効性について

　（以下、是正の指示の適法性について）

　争点4　災害防止要件について

　争点5　環境保全要件について

　争点6　第1号要件について

　争点7　埋立ての必要性について

　争点8　変更の「正当ノ事由」の要件について

【論点1】
判決のバックボーン

本多滝夫（龍谷大学教授）

　冒頭に当たり、福岡高裁の判断のバックボーンを成すと思われる争
点6と争点7、そして争点8を取り上げる。

　争点6と争点7は、主要には、変更承認申請が公有水面埋立法（以
下「公水法」）4条1項1号の「国土利用上適正且合理的ナルコト」の
要件（第1号要件）に適合するか否か、つまり、辺野古に新基地を建
設する必要性がなおもあるのか否かに関するものだ。福岡高裁は、埋
立承認の際に審査された考慮事項に重大な変更がなければ、第1号要
件に適合しないと判断できないとの枠組みを示した。そして、普天間

飛行場の危険の除去が喫緊の課題であることには変わりはなく、完成にさらに9年以上かかるとしても、それは重大な変更ではないと認定した。

　争点8は、変更申請に公水法13条ノ2の「正当ノ事由」があるか否かに関するものだ。高裁は、変更申請を正当なものとする「客観的な事情」があれば足りるとの枠組みを示した。そして、埋立承認後に実施した土質調査の結果、設計の変更や工法の見直しを行う必要が生じたことは、そうした「客観的な事情」に当たると判断し、「正当ノ事由」の判断には沖防局の承認出願時の調査の懈怠をも考慮すべきだとする県の主張を斥けた。

　いずれの争点についても、福岡高裁は、変更承認に際して、事情の変化に適切に対応するために、公水法が県知事に認めているはずの裁量権の範囲を狭めることで、変更不承認の違法を導いている。

　その背景は、争点6と争点7の判示において「（普天間飛行場の危険に早急に除去する）着工されて大浦湾以外の部分につき工事が一定程度伸長している」といった叙述からうかがい知ることができる。

　「結論ありき」との批判がされても仕方がないだろう。

【論点2】
変更承認の審査基準

榊原秀訓（南山大学教授）

　3.16福岡高裁判決の争点4（災害防止要件を欠くとした原告の法令違反等の有無）のポイントとなるのは、公益社団法人日本港湾協会による「港湾の施設の技術上の基準・同解説」（港湾基準・同解説）である。

　判決は、沖縄県知事の審査において、省令に基づき定められている

「基準告示」の規律を具体化した「港湾基準・同解説の記述する性能照査の手法等を超えてより厳格な判断を行うこと」は、「特段の事情がない限り」、「考慮すべきではない事項を過剰に考慮したものとして、裁量権の範囲の逸脱又は濫用に当たる」とする。

「過剰」に大きな意味はなく、考慮すべきではない事項を考慮したとして、福岡高裁は、カギ括弧部分を繰り返し用いて、知事の裁量権行使を問題視する。

一般に、審査基準が合理的なものであっても、法令に基づくものではない審査基準の場合、法令とは異なり、常にそれに従わなければならないものではなく、場合によっては、それに従わないことすら求められる。同種の行政処分が大量にある時には、「裁量権の行使における公正かつ平等な取り扱いの要請」や「相手方の信頼の保護」から、原則として審査基準に従うことが求められる。

しかし、判決自身が述べるように、知事が「港湾基準・同解説」を「参照」するとしても、「港湾基準・同解説」は、知事が定めた「公水法」の審査基準ではない。そして、変更承認の事案は多様であり、告示基準は抽象度が高い内容で、「港湾基準・同解説」も特定の数値に従うことを求めるものではなく、一定の幅をもつものである。

本件変更承認申請の場合、変更の程度は相当に大きく、過去にも実例がなく、過去の経験に照らしてつくられた「港湾基準・同解説」における最低限の基準に従わなければならない理由はない。「より厳格な判断」と評価し、「特段の事情」がないとすることはできない。

判決は、意見書等について、「現時点での調査不足」が原因となって「災害が発生する具体的な危険性が高いなどの特段の事情があるとまで断定するものではない」とする。しかし、調査不足で事実が確認できないことが問題なのである。国が承認申請時にどこまで情報を把握していたのかも不明で、民間企業であれば経済合理性から埋立ては

断念されたであろう。考慮すべきは、本件が前例のない変更承認申請であることである。

【論点3】
変更承認審査時の環境保全配慮の水準

山田健吾（専修大学教授）

　国が大浦湾海域の軟弱地盤の改良工事に必要な埋立変更承認を得るためには、申請の内容が公有水面埋立法（公水法）4条1項2号の「其ノ埋立ガ環境保全……ニ付十分配慮セラレタルモノナルコト」という環境保全要件に適合しなければならない。

　福岡高裁は、環境保全要件の適合性を判断するための基準を「環境保全配慮の水準」と特定する。この「環境保全配慮の水準」は、判決によれば、沖縄県知事が埋立変更承認の審査基準として定めたものではなく、国が2007年から2013年にかけて埋立承認申請のために実施した環境影響評価の方法と内容のことである。沖縄県知事が、この環境影響評価の方法と内容でもって、国の埋立承認の申請内容が環境保全要件に適合したと判断したのであるから、この方法と内容それ自体が環境保全要件の要求する「環境保全配慮の水準」を意味するというのである。福岡高裁は、沖縄県知事が、特段の事情がないにもかかわらず、「環境保全配慮の水準」とは異なる基準で、環境保全要件の適合性を判断したことに裁量権の逸脱濫用があるとする。

　福岡高裁が、環境保全要件の適合性を判断する基準として埋立承認申請時に用いられた「環境保全配慮の水準」を持ち出してきたのは、おそらく、国の埋立変更承認申請の内容が、埋立承認で特定された埋立区域の面積と対象事業区域の位置に変更を生じないものであり、その結果、環境影響評価法に基づく手続の再実施が必要ないことから、国

が埋立承認時に実施した環境影響評価と同程度の方法及び内容に沿っ
て、軟弱地盤の改良工事が実施されるか否かを審査すればよいと考え
たのであろう。あるいは、沖縄県知事の専門技術的裁量を限定するこ
とを試みたのかもしれない。

　埋立区域の面積や対象事業区域の位置に変更がないとはいえ、軟弱
地盤の改良工事は前例のないもので、工事期間も９年に及ぶ。埋立承
認時に用いられた「環境保全配慮の水準」で行われてよい工事ではな
い。

　埋立承認時の環境影響評価では「環境への影響は軽微」との仮説が
示されているが、キャンプシュワブ南側で埋立土砂の投入は完了した
のであるから、その仮説や環境保全措置の効果を検証することができ
る。埋立変更承認の申請内容が環境保全要件に適合するか否かを判断
する基準は、このような検証と軟弱地盤の改良工事の内容や規模、工
事期間が長期に及ぶことをも踏まえて設定される「環境保全配慮の水
準」でなければならない。沖縄県知事にこのような基準を設定する裁
量を認めることは公有水面埋立法の趣旨目的に沿うものである。

【論点 4】
「固有の資格」――変更許可と変更承認の規律の差異

大田直史（龍谷大学教授）

　争点２は、本件裁決が有効であるか否かにかかる。行政不服審査法
は、国の機関等が「固有の資格」（行政不服審査法［以下「行審法」］
７条２項）で受けた処分については、適用されないことを定め、沖縄
防衛局が「固有の資格」において相手方となった処分であるとすれば、
本件裁決は無効である。

　行審法は、「国民の権利利益の救済」を目的としており（１条１項）、

国の機関等が「一般私人が立ち得ない」「固有の資格」で相手方となった処分については適用されない（7条2項）。「固有の資格」の国の機関等を除外する趣旨は、同じ国に属する機関が審査庁として審査をすると自己審査となることがあり、制度が公正な権利救済として機能しなくなる危険があるためである。沖縄防衛局は「一般私人」と同じ立場において知事の設計変更不承認処分の相手方となり、国土交通大臣にその取消を求める審査請求を提起しえたのかが問われたのである。

判決は、沖縄防衛局が「固有の資格」において知事の不承認処分を受けたのかを公有水面埋立法（以下「公水法」）の変更許可と変更承認についての規律を対照して判断した。(a)「埋立区域の縮小」の変更または (b)「着手及び竣功期間の伸長に係る事項」の変更について、国以外の者の場合、正当の事由の有無や公水法4条1項および2項の適合性審査を受けるのに対して、国はその審査を受ける必要がない点で「適用される規律に差異」があるとしたが、(a) には「必然的に設計の概要に係る変更を伴う」から両者に適用される規律の間に「実質的な差異」はないとした。また、(b) に関する一定の場合の免許の失効や、正当の事由がある場合の許可などの規律は、「埋立の実施の段階に入った場面のみを規律する」にとどまるとみることは困難であるとはいえ、その趣旨は利権屋等による埋立免許の「濫用的な取得」の弊害の除去にあり、「埋立ての実施における監督措置」に属するため、「埋立てを適法に実施しうる地位の取得」において「国の機関等を一般私人に優先するなどして特別に取り扱う趣旨」ではない、として沖縄防衛局の「固有の資格」を否定した。

本判決は、「固有の資格」を当該処分に対する不服申立ての審査対象となる規律に着目して検討すべきとした2020年最高裁判決の考え方に従って判断したが、このような限定に対しては「あまりにも恣意的」などとする学説の強い批判が加えられている。本判決は、変更承認と

変更許可の「埋立てを適法に実施しうる地位の取得」という差異のない段階・法的効果だけに着目したうえで、これと異なる段階の許可に対する規律をその趣旨の解釈によって「埋立ての実施」段階のものへと場面転換を図って「異ならない」としたものである。

　国は、行政固有の公有水面に対する包括的な管理支配権を有している。その国の機関である沖縄防衛局が「固有の資格」においてではなく国民と対等な立場で不承認処分を受けたといえるのは例外的な場合に限られ、公水法の変更許可と変更承認の規律について、共通の部分があることを指摘するだけでは足りず、制度を全体として対照した判断が当然に求められよう。

【論点5】
裁決的関与と是正の指示の一体的行使

本多滝夫（龍谷大学教授）

　これまでの辺野古裁判と比べた場合の本件の特徴は、裁決的関与と是正の指示といった2種類の関与を国土交通大臣が連結し、一体的に行ったため、沖縄県がそれらについて並行して裁判を起こしたところにある。これまでの裁判では、埋立承認処分の職権取消しに対する国土交通大臣の是正の指示の違法性（2016年最高裁判決）、埋立承認処分の撤回に対する国土交通大臣の取消裁決の無効性（2020年最高裁判決）、サンゴ特別採捕許可の保留に対する農林水産大臣の是正の指示の違法性（2021年最高裁判決）、そして再び埋立承認処分の撤回に対する国土交通大臣の取消裁決の違法性（2022年最高裁判決）が審理の対象とされてきたが、いずれも当該関与のみであった。それでは、なぜ、国は2つの関与を変更不承認処分については一体的に行ったのだろうか。

これまでも、国は、辺野古埋立工事等を止める効果が生じる県の措置に対して、工事を早急に再開することができる法的手段を優先して利用してきた。

　2016年最高裁判決の事件では、国は、当初は埋立承認処分の職権取消しについて、沖縄防衛局からの審査請求に基づいて国土交通大臣に執行停止の決定をさせた。これにより埋立承認処分の効力は一時的に回復し、工事の再開が可能となるからだ。ただ、そのときは、国土交通大臣に職権取消しの執行停止を決定させるだけでなく、埋立承認処分の効力を完全に回復させるために、沖縄県に代わって職権取消しを取り消すことのできる代執行の手続をも国土交通大臣にとらせた。ただ、このような2つの関与の併用は、代執行の裁判と執行停止の取消しを求める裁判を受訴した裁判所の心証を害し、2つの裁判は裁判所の勧試による和解となった。和解の結果、国は審査請求を取り下げ、国土交通大臣は是正の指示のみを発出し、国と沖縄県は是正の指示のみを裁判で争うこととなった。

　2020年最高裁判決および2022年最高裁判決の事件では、国は、埋立承認処分の撤回についてやはり沖縄防衛局からの審査請求に基づいて国土交通大臣に執行停止の決定をさせ、かつ、撤回を取り消す裁決をさせた。埋立工事を止めている撤回の効力は執行停止と撤回自体を取り消す裁決によって排除されるからだ。さらに、両判決が認めたように、処分を取り消した裁決については、取り消された自治体に出訴権はないので、取消裁決の結論と趣旨には終局性が認められる。つまり、国は、審査請求をし、国土交通大臣に撤回を取り消す裁決をさせるだけで、埋立工事を再開する目的を十分に達することができたわけだ。

　2021年最高裁判決の事件では、国は、サンゴ特別採捕許可申請の許否の保留について沖縄県に許可をするよう命ずる是正の指示を農林水

産大臣に発出させた。許可申請の許否の保留については不作為の審査請求の手段を利用することもありえたが、そうしなかったのは、審査庁である農林水産大臣には、行政不服審査法上、許可をするよう命ずる裁決を下す権限がないので、早急にサンゴの移植作業を進めたい国には審査請求は迂遠な手段になるからだ。

　さて、本件で争われた変更不承認処分については、審査請求に基づいて国土交通大臣が不承認処分を取り消しても、審査庁である国土交通大臣にはやはり承認をするよう命ずる裁決を下す権限がないので、承認をするよう命ずる是正の指示を国土交通大臣に発出させるだけでも、軟弱地盤の改良工事に早急に着手するうえで十分な手段のはずだった。しかし、本件では、国は、不承認処分について沖縄防衛局に審査請求をさせ、国土交通大臣に裁決で不承認処分を取り消させたうえで、その裁決を引き写したかのような文章からなる是正の指示を発出させた。国は、なぜ、迂遠な手段のはずの審査請求・取消裁決も利用したのだろうか。是正の指示だけで十分なはずではなかったのか。

　変更承認を命ずる是正の指示については、沖縄県が提起した指示取消訴訟を裁判所が審理することになるとしても、その審理を迅速に終わらせることができれば、国は改良工事に早急に着手できる。とくに変更承認申請の内容を裁判所が綿密に審理する場合には、2021年最高裁判決のときのように、沖縄県の判断を支持する意見を表明する裁判官も出かねない。そこで、国は、審査請求に基づいて国土交通大臣がする取消裁決には、処分庁に裁決の趣旨通り行動させる拘束力があり、かつ、処分庁が審査の申し出も出訴もできないという趣旨で裁決には形式的な確定性があることに着目した。つまり、かりに、沖縄県が承認を命ずる是正の指示を審査の申し出や取消訴訟で争うことができても、不承認処分が取消裁決で取り消された以上、沖縄県は不承認処分が適法である旨を主張することができないはずだ、国地方係争処理委員会

も裁判所もまた不承認処分が違法であることを前提として是正の指示の違法性の有無を審理することになるはずだ、と。このように、取消裁決を経たうえでの是正の指示の取消しを求める争訟では、沖縄県の主張の制限、さらには国地方係争処理委員会や裁判所といった争訟裁断機関の審理権の制限が見込まれ、迅速に審理を終尽させることできるから、国は本件において２つの関与を連結し一体的に行ったわけだ。

　このような２つの関与の連結・一体的な行使が紡ぎだす指示取消訴訟における主張制限・審理制限について、福岡高裁は、争点１（「本件裁決の効力が本件指示取消訴訟に及ぼす作用」）として、「（本件関与取消訴訟において）審査請求の手続では行政庁として主張していた処分適法理由を主張して、是正指示の適法性を争うことは、本件裁決の拘束力に反するとはいえず、また、裁決を関与から除外した地方自治法の趣旨に反するとはいえない」と判示するとともに、かりに沖縄県の主張が制限されるとしても、「当該拘束力が受訴裁判所に及ぶと解する理由はない」と国側の主張を一蹴した。このような結論に至ったのは、福岡高裁が、関与取消訴訟における司法審査を「地方公共団体の長本来の地位の自主独立の尊重と、国の法定受託事務に係る適正な確保との間の調和を図るという制度趣旨に基づいて行われる（もの）」と理解しているからだろう。

　このように争点１については、福岡高裁は、関与訴訟における司法の役割を正しく解したものといえる。この点は、上告審の最高裁も踏襲すべきだろう。

　つぎに、審査請求に基づく取消裁決と是正の指示を連結させたことが関与の仕組みを濫用したもので違法無効であるとの沖縄県の主張については、福岡高裁は、争点３（「本件是正の指示の有効性」）として、審査庁としては付与されていない権限を行使するものであっても、裁決の後に公益上の必要性からさらに是正の指示が行われる場合がある

ことを法の予定しているところであると判示して、2つの手段の併用を肯定した。そのような併用がなされても、争点１の判断で示したように、是正の指示が裁決の効力と連結する仕組みにはなっていないというところに、このような結論に至った実質的な理由があろう。

　しかし、自治体の処分については、通常、国民は国に審査請求をすることができない。「国においてその適正な処理を特に確保する」ことが求められる法定受託事務の処分についてのみ認められた例外的な制度だ。つまり、権利救済を求める審査請求をきっかけとして行われる特別な国の関与の仕組みだ。したがって、裁決的関与について許認可等を命ずる権限が審査庁である大臣にはないのは、たんに知事の上級庁ではないという理由だけでなく、法定受託事務にかかる申請に基づく処分の是正については「地方公共団体の長本来の地位の自主独立の尊重」の趣旨から最終的な判断が知事に委ねられているからだ。これを超えて審査庁としては認められていない権限を大臣が是正の指示に事寄せて行うことは、法が予定をしていない権限の行使と見るべきだろう。かりに取消裁決後に申請の審査のやり直しが知事においていつまでもされない場合には、審査の懈怠についての是正の指示がせいぜい許されるにとどまる。是正の指示の取消訴訟のなかで取り消された処分の適法事由を主張することが許されるからといって、審査庁が自らに認められていない権限を主任の大臣になりすまして実質的に行使することが当然に許されるわけではない。

【論点6】
辺野古裁判の真の争点「法は誰のためにあるのか」

徳田博人（琉球大学教授）

　さいごに、辺野古裁判において問われている、法は誰のためにある

のか、といった真の争点を考えてみたい。

　法は統治者を拘束するものではなく、あくまでも人々を統治するための道具であるとする考え方から、その対極として、法は犠牲を強いられ、追いつめられた人を救うためにあるとする考え方まである。建前の考え方として後者であっても、現実には前者のように法を運用する国家もある。前者の考え方で法を運用する国家を「犠牲強要型国家」と呼ぶならば、後者の考え方で法を運用する国家を民主的法治国家と呼ぶことができる。

　犠牲強要型国家の特徴は、ある要件事実の確定に至る過程において、正確な事実を求めることなく、また、法の適用や解釈においても、公正さを無視し、統治者に都合のよい解釈や法適用をする。しかも、これをチェックする機関が存在しない、あるいは、存在したとしても統治者からの独立が十分でなく、そのためチェック機能も働かない。これに対して民主的法治国家では、要件事実の確定に至る過程において物証（科学的証拠など）を重視し、法の適用や解釈においても、最終的に公正な第三者による厳格なチェック機能が働く。また、民主的法治国家は、地域の実情も考慮して住民の生活を重視したり（地方自治の重視）、少数者の人権を保障したりする仕組みを整える。

　ところで、わが国は、憲法上、民主的法治国家を採用しているが、辺野古裁判を見る限り、犠牲強要型国家であるかのような法運用をしている。

　例えば、裁判所は海面下90mに達するとされる軟弱地盤の「B-27地点」の調査不足で、事実の確定をしないことが問題の本質であるにもかかわらず、調査不足が原因で具体的災害の発生が高いとまでは断定できないとして問題をすり替えた（科学的物証の欠如）。また、公有水面埋立法の解釈でも、国の機関と私人に対する規律の共通性のみを強調し、さまざまな規律の違い（国の機関と私人に対する知事監督権

限の違い）を軽視する（法解釈の恣意性）。さらに、基地ができた後に生じる周辺住民の権利侵害への配慮も不十分である（地方自治や人権保障を軽視）。沖縄県は、辺野古新基地建設が県民に対する基地の過重負担や犠牲の強要であるとして、この構造の是正を司法に求めているに過ぎない。

辺野古裁判は、犠牲を強いられてきた県民の命と沖縄の自治を法でもって救うことで、日本を健全で民主的な法治国家とするための裁判だ。

［謝辞］
この節の批評は、【論点5】を除き、もともとはシンポジウム「辺野古裁判と誇りある沖縄の自治」（辺野古支援研究会主催・2023年4月22日開催）に向けて沖縄タイムスに5回にわたって連載されたものだ。転載を快諾いただいた沖縄タイムス社にお礼を申し上げる。なお、本書への転載に当たり各執筆者の責任において加筆修正を施している。

初出一覧
【論点1】　本多滝夫「検証　辺野古訴訟1」沖縄タイムス2023年3月25日。
【論点2】　榊原秀訓「検証　辺野古訴訟2」沖縄タイムス2023年4月1日。
【論点3】　山田健吾「検証　辺野古訴訟3」沖縄タイムス2023年4月8日。
【論点4】　大田直史「検証　辺野古訴訟4」沖縄タイムス2023年4月15日。
【論点5】　本多滝夫「裁決的関与と是正の指示の一体的行使」（書下ろし）。
【論点6】　徳田博人「検証　辺野古訴訟5」沖縄タイムス2023年4月22日。

第4章

住民たちの辺野古裁判

川津知大（弁護士）

はじめに

　本書第1部の報告が限られた時間でもあったことから、本稿では、住民の抗告訴訟の経過や争点、さらに現状や今後の展望などについて、若干、詳しく述べてみたい。

　まず、なぜ、辺野古新基地建設をめぐって、沖縄県とは別に、国を相手にして住民方でも抗告訴訟を提起しているのかについて説明する。

　辺野古大浦湾側を埋め立てて、新たな米軍基地が建設されると、これまで周辺住民が享受してきた自然環境だとか、平穏で安全に生活する権利利益などが直接的に侵害される（またはその蓋然性が高くなる）ことになる。米軍基地ができた後で救済を求めても、損害賠償は認める可能性はあっても、どれだけ被害（権利侵害）が大きくても、現状の裁判理論では、あれこれと理屈を立てて、差止めが認められない仕組みとなっている。だからこそ、基地ができる前に、直接的に被害を被ることになる周辺住民が抗告訴訟を提起することで、新たに建設される米軍基地を起因とする権利侵害の防止を可能な限り実現したい、

そういう問題意識から住民の抗告訴訟を提起している。

　このような問題意識から、住民の抗告訴訟の目的を実現する上で、何が争点となり、また、どのような障害物を克服しなければならないのか、この点を中心に述べていく。

1　辺野古新基地建設の埋立てに関する住民訴訟の流れ

⑴　沖縄防衛局は、「公有水面埋立法」（以下、「公水法」という）に基づいて埋立承認申請を行い、当該申請に対して沖縄県知事による埋立承認がなされると、埋立工事を適法に着工しうる法的地位をえることになる。

　2013年12月27日、仲井眞弘多元知事が公約を破って辺野古の埋立てを、いろいろな条件をつけつつも承認してしまった。翌年の知事選で仲井眞元知事を破って当選した翁長雄志前知事が、2015年10月13日に埋立承認の取消処分を行った。埋立承認が取り消されれば当然工事はそれ以上進められなくなる。その後、国からの訴訟提起、沖縄県による裁判提起等々が起こり、和解や協議を挟みつつ、最終的には最高裁の判断に従わざるを得ないという流れとなり、翁長前知事は2016年12月26日に埋立承認取消処分の取り消しを行い、これで仲井眞元知事による埋立承認が復活することになった。

　その後、軟弱地盤の問題などが新たに出てきて、このままでは工事は進められないということで、2018年8月31日に、翁長前知事が亡くなった後の職務代行者である副知事によって、埋立承認の撤回を行った。

　この撤回に対して行政不服審査法の審査請求という手続きの中で、2019年4月5日、国土交通大臣が「埋立承認撤回を取り消す旨の裁決」を行い、埋立てが承認された状態に戻ることになった。

2019 年 4 月 19 日、この裁決の取り消しを求めて辺野古周辺住民 16 名が原告となり、那覇地方裁判所に対して行政訴訟を提起した（後に 1 名は取下げ）。この訴訟については、「知事の撤回を支持する住民の抗告訴訟」と呼称している。

　2020 年 4 月 13 日、15 名中 11 名は原告適格を認めないとして却下の決定が出された。残り 4 名については、原告適格が存することを前提に裁決の違法性について審理が継続されたが、2021 年 4 月に裁判長が交替し、2022 年 4 月 26 日、残り 4 名についても原告適格を有しないとして訴えを却下する判決が下された。

　2022 年 5 月 6 日、上記 4 名について、原判決を不服として福岡高等裁判所那覇支部に控訴の提起をし、現在控訴審に係属中であり、2023 年 7 月 19 日に第 2 回口頭弁論期日が予定されている。

(2)　仲井眞元知事の承認後、大浦湾埋立て工事を進めていくと、当初の予定よりも広い範囲かつ深い範囲に軟弱地盤が広がっていることが分かり、当初の計画では埋立工事ができなくなったことから、2020 年 4 月 12 日、沖縄防衛局が玉城デニー知事に対して埋立地用途変更・設計概要変更申請をした。

　玉城知事は、2021 年 11 月 25 日、上記埋立地用途変更・設計概要変更申請について、これを不承認とする処分を下した。

　上記埋立地用途変更・設計概要変更申請が承認されないと、沖縄防衛局は埋立工事を進めることができないため、行政不服審査法の審査請求という手続きの中で、2022 年 4 月 8 日、国土交通大臣が「不承認処分を取り消す旨の裁決」を行った。

　この状態では、埋立地用途変更・設計概要変更申請がなされた状態に戻ることになるため、再度玉城知事はこれに対する判断をしなければならないが、同じ理由では不承認とすることができず、承認せざるを得ない立場に追い込まれてしまう。

2022年8月23日、この裁決の取消しを求めて辺野古周辺住民19名、及び大浦湾でダイビングツアーを営む那覇市在住の住民1名が、那覇地方裁判所に対して行政訴訟を提起した。この訴訟については、「知事の不承認を支持する住民の抗告訴訟」と呼称している。

現在も地方裁判所に係属中であり、2023年6月13日に第4回口頭弁論期日が予定されている。

2 埋立承認の撤回や埋立地用途変更・設計概要変更申請に対する承認の要件

(1) 辺野古の埋立承認申請は「公水法」4条1項1号から4号までの要件を満たす必要がある。

まず1号は「国土利用上適正且合理的ナルコト」が必要である。大浦湾を埋め立て、その土地を米軍基地として提供する場所として適切な場所なのか、この場所にすることに合理的な理由があるのか、という要件である。

2号は「其ノ埋立ガ環境保全及災害防止ニ付十分配慮セラレタルモノナルコト」が必要である。基地をつくるために大規模な埋立てをして海を潰し、ジュゴンやサンゴを生息地から追いやるような工事をすることについて、環境保全について十分な配慮がなされているのか、また、大浦湾を埋め立てて新しい基地を作って米軍基地に提供した後に、崩壊したりして災害が起きることのないように十分に配慮されているかどうか、という要件である。

また、3号は「埋立地ノ用途ガ土地利用又ハ環境保全ニ関スル国又ハ地方公共団体（港務局ヲ含ム）ノ法律ニ基ク計画ニ違背セザルコト」という要件を定めており、4号は「埋立地ノ用途ニ照シ公共施設ノ配置及規模ガ適正ナルコト」かどうか、となっている。

埋立承認の撤回処分及び埋立地用途変更・設計概要変更申請に対する承認については、いずれも主に1号と2号の要件充足性が問題となっています。

⑵　2018年8月31日に、謝花喜一郎副知事が、職務代行者として埋立承認の撤回処分（以下、単に、「撤回」という場合もある）を行った。その理由として、軟弱地盤や活断層の存在、高さ制限の問題などから、国土利用上適正かつ合理的な理由がなく、また災害防止について十分に配慮されたものとはいえず、加えて、サンゴ類、ジュゴン、海草藻類など環境への影響について十分な配慮がされていないことなどが理由として挙げられている（公水法4条1項1号、2号違反）。

　なお、「高さ制限」とは、日本の法令や基準に定めはないが、アメリカの基準として、米軍基地の周辺には、一定以上の高さを有する建物を建てることができない、という制限のことである。このような制限が設けられている趣旨は、当然、飛行機等が飛び立つ米軍基地周辺に、一定以上の高さの建物があると衝突の危険があるため、周辺の安全面を考慮してのことである。

　図1のAと示しているのが滑走路の高さ部分である。Eが高さ制限にかかる部分であり、滑走路から半径2286mの範囲内では、滑走路からの高さが45.72m以上の高さの建物は建てられないことになる。なお、滑走路の高さは海面から8.8mあるため、海面からは45.72mに8.8mを足した高さの54.52mが上限となる。すなわち、例えば海面から50mの高さに位置する高台（滑走路からの高さは41.2mの位置）の土地では、4.52m以上の建物は建てられないことになる。

　さらに、上記E（滑走路から半径2286mの範囲）の外でも、上記Fが示す斜めの範囲の高さ制限があり、範囲が広がるにつれて徐々に高くなっていく。

　辺野古周辺の建物のうち、実に358軒もの建物が高さ制限に抵触し

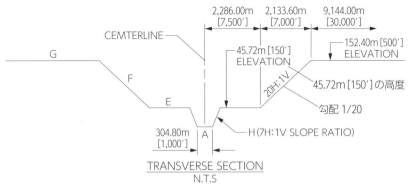

図1　米軍基地周辺の高さ制限

出所：Airfield and Heliport Planning and Design, Unified Facilities Criteria (UFC), 2019, p.56.

ていることが判明している。国は、埋立承認を申請する前に、辺野古新基地ができたあとは辺野古周辺の358軒の家が高さ制限にかかるということを認識していながら、隠して公表しないままに手続や工事を進めていたのである。

　こういった点を考慮して、謝花副知事は埋立承認の撤回処分を行ったのであるが、国土交通大臣はこの撤回処分を取り消し、裁判所もそれに追従した判断をしている。

(3)　2021年11月25日、玉城知事によって埋立地用途変更・設計概要変更承認申請に対する不承認の処分が行われた。不承認の理由は数が絞られており、ジュゴンへの影響なども挙げているが、軟弱地盤の問題に大きく比重が置かれている（公水法4条1項1号、2号違反）。

　図2は、軟弱地盤についての断面図である。

　B-27という地点については、海面から90m下まで軟弱地盤が広がっているが、改良工事を行うことができる技術はせいぜい70m程度までしかないため、工事が不可能な状態なはずである。

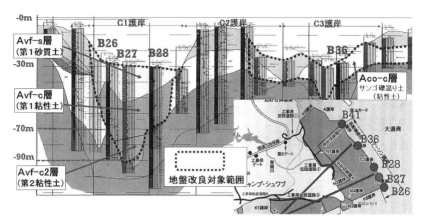

図2　ケーソン護岸部の海底地層断面図

出所：防衛局『地盤に係る設計・施行の検討結果　報告書』2019年1月より作成。

　こういった点などを考慮して、玉城知事は埋立地用途変更・設計概要変更承認申請の不承認処分を行ったのであるが、国土交通大臣はこの不承認処分を取り消し、裁判所もそれに追従した判断をしている。

③　住民の抗告訴訟の問題点

⑴　国や公共団体が行った公権力の行使に対して住民が裁判に訴える場合、「行政事件訴訟法」に基づいて抗告訴訟を提起しなければならない（以下、「住民の抗告訴訟」という）。住民の抗告訴訟を提起する場合に、住民側にはさまざまな要件が課されており、例えば「処分性」、「原告適格」、「訴えの利益」、「被告適格」、「出訴期間」などといった要件である。

　特に、「処分性」と「原告適格」という要件を不当に厳しく解釈して、住民側には訴える資格がないとして却下の判決を下す例が多く、住民による行政訴訟を不当に門前払いにするものとして学者などから強い批判があるところである。

⑵　本訴訟で問題となっている原告適格について若干詳細に解説する。

　日本の行政事件訴訟法は、例えば国が何かした時に、「その判断はお
かしいから取り消せ」と言えるのは、その国がしたことや判断に直接
何らかの利害がある人でなければそのような訴訟を提起することはで
きない、ということが規定されている。

　このような要件を課していない国が多いにもかからず、日本では、
行政訴訟について、原告となって訴える資格があるかどうかという点
で入り口を絞り、住民側が訴訟を起こせないような仕組みが作られて
しまっている。

　その上、裁判の中では、この原告適格があるかどうかという判断の
ためだけに、双方が主張立証を行い、そのやり取りだけで１年やそれ
以上の時間をかけて議論を尽くし、結局は国などが行ったことについ
て違法かどうかの中身にも入らず、裁判所が原告として訴える資格が
ないとして、訴えを却下することが横行している。

　本件における「知事の撤回を支持する住民の抗告訴訟」、「知事の不
承認を支持する住民の抗告訴訟」いずれについても、「原告適格」が
大きな壁となっており、現に前者についてはすでに那覇地方裁判所で
「原告適格がない」として却下の判決が下されている。後者についても、
やはり「原告適格」によって却下される可能性があるため、現在主張
立証を続けている。

４　「知事の撤回を支持する住民の抗告訴訟」の経過と争点

1) 争点
　「知事の撤回を支持する住民の抗告訴訟」で求めている、国土交通大
臣がなした取消裁決を取り消させるためには、この裁判で、①原告適
格が認められること、②裁決が違法であること、の２つが認められな

けなければならない。また、①、②とは別に、③「固有の資格」という論点もあり、①が認められた上で、②もしくは③の要件で住民側の主張が認められれば、勝訴できることになる。

那覇地方裁判所では、最終的には①の点が認められず敗訴となったものの、①が認められた上で、③の要件によって勝訴できる見込みがあったため、その点について解説する。

2) 前裁判長のもとでの裁判経過

「知事の撤回を支持する住民の抗告訴訟」は、前裁判長の元で、2019年12月に結審し、翌年の3月19日に判決が出ることが予定されていた。

那覇地方裁判所は、一部の原告に原告適格を認めた上で、「固有の資格」という法律上の要件（行政不服審査法第7条第2項）により、沖縄防衛局という国の機関が、行政不服審査法という法律を使って不服申立てをすることはできず、国土交通大臣の取消しの裁決は、法律上できない判断をしたものであり、違法であるとして住民を勝訴させる判決を出すことが予想された。

「固有の資格」について若干解説する。

もともと行政不服審査法というのは、市民が行政のやり方におかしいと感じた時に何らかの不服の申立てをする手続きを定めたものであるため、同法上、国の機関である固有の資格のものは、この法律を使って不服申立てをできないと法律で決まっている。

そのため、国の機関である沖縄防衛局が、一般人（私人）のような形で行政不服審査法を使って県の判断に不服申立てを行っていいのか、という点が当然問題となる。沖縄防衛局はその資格がないにもかかわらず審査請求手続きをして、国土交通大臣が撤回を取り消す旨の裁決を出すという、この国の一連の手続き自体が、法律上できない手続で

あるはずであり、違法ではないか、という論点である。

　上記のとおり、那覇地方裁判所は、2020年3月19日に判決を出すことを予定していた。

　ところが、2020年3月上旬に、沖縄県と国との訴訟、「固有の資格」が同様に争点となっていた「関与の訴訟」と呼ばれる訴訟について、最高裁判所の判決が3月26日に出されるということが報じられた。すると、3月18日頃になり、那覇地裁から19日の判決日を取り消すという連絡が来た。

　これは予想に過ぎないが、判決日の取消しがされずに予定通りの日に判決が出ていたら、「固有の資格」の点で国土交通大臣の裁決はおかしいとされ、そもそも行政不服審査法は使えないという判決が出ていた可能性が十分にあった。それを最高裁が感じ取ったのかはわからないが、最高裁が先にその点に関する判決を出し、「固有の資格」には当たらないため、沖縄防衛局が行政不服審査法を用いて不服の申立てをし、国土交通大臣が撤回を取り消した裁決を出したことは問題はないとの判断を下した。最高裁が「固有の資格」の争点について判断を出すと、それに反した判断を地方裁判所が行うことはできないため、最高裁が判決を出すと聞いた地裁が判決日を取り消したという流れとしか考えられないのである。

　ところで、「知事の撤回を支持する住民の抗告訴訟」では、抗告訴訟のみではなく、執行停止の申立ても行っていた。撤回を国土交通大臣の裁決によって取り消されると、埋立てが承認された状態に復活して工事を進めることができてしまうことになり、裁判所が判決を出すまでには1年以上も時間がかかったりすることから、執行停止という早急な手続により、国土交通大臣の裁決の効果を一時的に停止し、撤回の効力が生きた状態にするという手続きである。

　2020年3月19日、上記のとおり抗告訴訟の判決は延期とされたが、

執行停止に関する決定が出された。

　那覇地方裁判所は、この執行停止に関する決定の中では、原告15名中、4名について原告適格を認める判断をした。もっとも、執行停止は、早急な手続によってとりあえず国土交通大臣の取消裁決の効果を停止するものであるため、裁判の要件に加えてさらに「原告に生じる重大な損害を避けるための緊急の必要性」という要件が課されているところ、この要件が認められないとして、結果としては執行停止の申立ては却下されてしまった。

　原告適格が認められた4名のうち、3名については、基地ができた後に米軍機等が飛行することによって、住居が飛行経路上にあって危険性や騒音被害が著しいということで原告適格を認め、残り1名については高さ制限にひっかかると認められるとして原告適格を認められたのである（ただし、その後の裁判の審理の中で、実際には1m弱ほど高さ制限には足りないことが判明している）。

　その後、2020年4月13日、執行停止の方で原告適格を認められた4名を除いた原告11名に対して、「原告適格は認められない」として、抗告訴訟の却下の判決が下された。

　同年7月、原告適格が認められた4名の裁判に関して弁論が再開されたが、「固有の資格」に関する争点は最高裁判所の判断が出てしまったため、争点は①原告適格、②裁決の違法性の2つに集約された。

　2021年4月、裁判長が交替となり、執行停止の方では原告適格が認められ、裁判でも原告適格無しとして却下された11名とは異なり、原告適格があることを前提に審理が続けられた原告4名についても、2022年4月26日に全員の訴えを却下とする判決を下した。

　その理由としては、この訴訟の要件との関係では、基地ができた後の問題は工事自体とは関係なく主張することができない、高さ制限にもかかっていない、という理由であった。

このような流れは、前裁判長のもとで少なくとも4名は原告適格が認められ、「固有の資格」の争点で原告ら住民を勝訴させようとした裁判官について、最高裁判所がその道を予め閉ざし、国の意向を忖度する裁判長と交代をさせた、としか考えられない。

3) 控訴審について

2022年5月6日、上記4名について、原判決を不服として福岡高等裁判所那覇支部に控訴の提起をし、現在控訴審に係属中であり、2023年7月19日に第2回口頭弁論期日が予定されている

控訴審では、原告適格が認められるよう、さらなる主張立証をしており、専門家の意見書なども踏まえて撤回を取り消した国土交通大臣の裁決がいかに誤っているかについて主張立証をしていく。

5 「知事の不承認を支持する住民の抗告訴訟」の経過と争点

1) 争点

この訴訟においても「知事の撤回を支持する住民の抗告訴訟」同様に、国土交通大臣がなした取消裁決を取り消させるためには、①原告適格と②裁決が違法であること、の2つが認められなければならない。なお、同様に「固有の資格」に関する問題点も存在するが、前述のとおり問題ないとする最高裁判所の判決が確定してしまっていることから、この点は争点とはならない。

2) 原告適格について

この訴訟では、騒音被害などの点は「知事の撤回を支持する住民の抗告訴訟」と同様であるが、実際に高さ制限にかかっている原告が3

名いる。

　「知事の撤回を支持する住民の抗告訴訟」では、前裁判長が高さ制限にかかっていると判断した原告1名について、裁判長交代後に実際には高さ制限にかかっていないことが判明したため、当該1名について高さ制限にかかっていないとして原告適格が認められなかった。

　前述のとおり、高さ制限が設けられている趣旨は、飛行機等が飛び立つ米軍基地周辺に、一定以上の高さの建物があると衝突の危険があるため、周辺の安全面を考慮してのことである。「知事の不承認を支持する住民の抗告訴訟」では、現に高さ制限に引っかかっている原告が3名いることから、当該原告らの原告適格を否定する論理はないはずである。

　その他の原告らについても、騒音被害などの点や、大浦湾でダイビングツアーを営んでいる原告の営業への現実的な被害などを主張していき、全員について原告適格が認められるよう主張立証を尽くしていく。

3）裁決の違法性

　国土交通大臣の裁決では、公水法4条1項各号の要件を判断する過程に誤りがあると主張し、例として、①軟弱地盤の調査が不十分、②改良工事の実現性が乏しい、③活断層の存在、④高さ制限、の各問題をあげている。

　大浦湾側の埋立工事予定区域の海底には、マヨネーズ並に柔らかい軟弱地盤が広がる箇所があることがわかっており、**図2**で示したとおり、B-27地点が特に問題となっている。海面下80mのこの地点にマヨネーズ並の軟弱地盤が続いている。その下の80から90mの箇所は、そこまで柔らかくはないもののやはり軟弱と言っていい地盤が続いている。この地盤をしっかり固めなければ構造物は建てられないのであ

る。しかし、そもそも B-27 地点では、必要な耐震の強度について十分な調査がなされていない。例えば、土質調査には、ボーリング試験とコーン貫入試験という方法があり、ボーリング試験は土の強度を確認するのに一般的に使われているが、コーン貫入試験は土の強度の測定ではなく、ボーリング試験を補完する形で土の構成の把握を目的としているものである。コーン貫入試験では土の強度は測定できず、あくまで土の性質を確認するためのものであるが、沖縄防衛局は B-27 地点でコーン貫入試験のみを行って、ボーリング試験を行っていない。

　ボーリング調査について、沖縄防衛局側は、他の地点からちゃんと確認しているので問題ないと主張している。しかし、「他の地点」というのは、B-27 地点から 150m、300m、700m 離れた地点のことであり、それらのボーリング調査結果から、B-27 地点も問題ないと沖縄防衛局は主張しており、マヨネーズ並みの柔らかさといわれている軟弱地盤部分についてきちんとした調査をしていない。

　また、B-27 地点の改良工事について、沖縄防衛局は、一般的で施工実績が豊富なサンドコンパクションパイル工法およびサンドドレーン工法を用いて地盤改良工事を行うからそれで十分である、所定の安全性を確保して行うことが可能だと主張している。しかし、実際に作業できる船の国内の工事実績は水面下 65m、国外でも最も深くて 65 から 70m しかないのである。水面下 90m での工事の実績も、そこまで届くサンドコンパクションパイルの作業船も存在しないのである。

　地震に対する強度の計算という問題もある。安定性調査では、数字でいうと、ある程度地盤が均一で、ある程度安定している場合には「1.10」という数字で十分とされている。羽田空港拡張の際の埋立てではこの数字であったが、しかし羽田の海底は大浦湾とは地形が全く異なっており、起伏もそれほどまでなく、地盤も軟弱ではなかった。

　これ以外にも、さまざまな問題が山積しており、到底米軍基地とし

て提供可能な埋立工事、新基地建設ができるような状況ではない。このような点について、専門家の意見書を提出して、いかに無謀な工事であるかを主張立証していくこととしている。

今後の展望

上記のとおり、辺野古新基地埋立工事は実現可能性が乏しいにもかかわらず、9300億円という莫大な費用が投入され続けている。

一度米軍基地ができあがった後には、裁判所は、基地を運用しているのはアメリカであるとして「第三者行為論」、あるいは「主権免除論」を理屈として、米軍機等の飛行の差止めを一切認めていない。

沖縄は、国土面積比0.6％しかないにもかかわらず、実に70.3％もの米軍専用施設が集中している。

このような異常な事態であるにもかかわらず、普天間飛行場の返還という名目で辺野古に新基地を建設しているが、辺野古新基地が完成したとしても、普天間飛行場の返還の実現がなされるのかも不透明な状況である。

辺野古の問題、米軍基地の問題は県民の問題であって、裁判所は、司法の役割が何なのかということを今一度見直し、原告適格などという形式的な要件に必要以上に捕らわれず、本当に埋立工事を続けて良いのか判断をすべきである。

われわれは、諦めることなく戦い続ける。

第5章

辺野古県民投票と沖縄の自治
―県民投票の結果は活かされているか―

武田真一郎（成蹊大学教授）

1　県民投票を振り返る

　2019年2月24日、沖縄県では辺野古新基地建設のための埋立ての賛否を問う県民投票が実施された。投票率52.48％、投票総数（60万5385票）に対する割合は反対が71.7％（43万4273票）、賛成が19.0％（11万4933票）、どちらでもないが8.7％（5万2682票）、無効票が0.6％（3497票）となった。反対票は2018年9月の知事選で玉城デニー知事が獲得した過去最多の39万6632票を上回り、新基地建設に対する県民の強い反対の意思が明確に示された。

　2017年11月のある晩、私は中央線武蔵境駅の近くの中華料理店で後に県民投票の会の代表となる元山仁士郎さんと夕食を共にしていた。その時に彼は沖縄県民の意思に反して新基地建設工事が進められている状況に対し、「どうしたらよいのだろう」と深く憂慮していた。私はふと「県民投票をやるのがいいんじゃないの」とかねてからの考えを口にし、その意義を簡潔に説明した。すると彼は「よし、やりましょう」と電光石火の決断をし、SEALDs（自由と民主主義のための学生

171

緊急行動）の代表として培った果敢な行動力を発揮することになる。

　宜野湾市出身の元山さんは地元の沖縄でさまざまな人々に呼びかけて翌 2018 年 4 月に「辺野古県民投票の会」を結成し、県民投票を実施するための条例制定の直接請求に必要な署名収集を開始した。収集期間は 2 か月であるが、元山さんたちは島嶼部を含むすべての市町村で県民投票の必要性を説明し、最終的な有効署名数は全県で 9 万 2848 人となった。地方自治法（以下「自治法」という）が定める必要署名数（有権者の 50 分の 1 以上、全県で 2 万 3171 人）を大きく上回り、全県の 41 市町村すべてで 50 分の 1 を上回った。

　直接請求の署名収集は法的な手続なのでかなり厳格なルールがあり、署名簿は選挙管理委員会の審査を受けて署名の効力が判断される。よって所定数の署名を集めることは必ずしも容易ではない。すべての市町村で有効署名数が 50 分の 1 を超えたという事実は、普天間基地や辺野古新基地とは直接関係のない沖縄県民も辺野古埋立てを自分たちの問題と考え、県民投票を求めていたことを意味している。

　県議会は条例案を可決し、同年 10 月 31 日に「辺野古米軍基地建設のための埋立の賛否を問う県民投票条例」が公布された。日本では市町村合併以外の地域の重要問題に関する住民投票条例の可決率は 15％程度であり（武田真一郎「日本の住民投票制度の現状と課題について」行政法研究 21 号 18 頁参照）、この傾向は現在でも変わっていない。沖縄県では県民が条例制定の直接請求を行い、県民の代表である県議会が条例案を可決したのだから、県民投票の実施は沖縄県民の総意に基づくものである。よって投票結果に計り知れない重みがあることは明らかである。

② 地方自治と住民参加

　地方自治の本旨（憲法92条）とは、団体自治と住民自治を意味するといわれている。この両方が実現されなければ地方自治が行われているとはいえないのである。団体自治とは国から独立した自治体（法令用語は地方公共団体）が地方行政を行うことを意味するが、日本でも地方公共団体（都道府県・市町村など）が設置されて地方行政を行っているので、団体自治はいちおう実現されている。ではその地方公共団体で行われている団体自治は住民の意思を反映し、住民自治が実現されているのだろうか。

　日本の法制度には、住民の生活や地域の将来に重大な影響を及ぼす政策決定（基地、原発、ダム建設など）であっても、公聴会や意見公募によって形式的に住民の意見を聞き置く手続がある程度で、住民が意思決定に関与する手続はまったくと言えるほど設けられていない。日本において政治や行政に民意を反映させる手続として想定されているのは、おそらく選挙制度だけである。選挙で選ばれた長や議員が議会の議決を経て政策を決定しているのだから、民意が反映されているというわけである。

　この言説は一見もっともらしく思えるが、選挙で選ばれた代表が民意を反映せず、住民が望むことをしない、あるいは住民が望まないことをしようとすることがあるため、選挙制度には重大な欠陥がある。長や議会が正しく民意を反映せず、間接民主制が機能不全を起こしているとすれば、上記の言説はフィクションに過ぎないことになる。

　これは国政でも同じことである。国会や内閣は憲法92条により、沖縄県における住民自治を実現するために県民の民意を反映するように努める義務がある。ところが沖縄県民は辺野古新基地建設に強く反対

しているのだから、国民が選んだ国会議員や内閣が決定したから民意が反映されているというのはやはりフィクションである。沖縄県民以外の国民の民意は反映されているという根拠はないし、そもそも他県民が沖縄県民の意思に反してこれ以上の基地負担を求めることは許されないはずである。

　日本では間接民主制（代表民主制）を採用しているから選挙こそが民主主義の王道だという考え方が根強く、選挙で勝てば何をしてもよいといわんばかりの風潮を生んでいる。このような風潮が民意を軽視し、既得権を固守して日本の政治・行政を著しく劣化させる原因となっており、辺野古新基地建設もまさにこのような劣化の象徴であろう。複数のアメリカの政府高官は、新基地は沖縄でなくてよいと考えていたが、日本政府が沖縄に建設することを求めたから沖縄に決定したと証言しているが（高橋哲哉『沖縄の米軍基地「県外移設」を考える』集英社新書、57頁）、日本政府にとっては埋立てを伴う大規模工事（本土では不可能である）を実施すること自体が目的化していたのではないだろうか。

　以上のような間接民主制の機能不全と政治・行政の劣化を是正し、地方自治ひいては民主主義そのものを発展させるためには、住民投票のような直接民主制を採り入れることが必要である。日本の各地では地域の重要問題について次々と住民投票が実施されているが、その背景にあるのは間接民主制の機能不全である。議会や行政は環境と財政に負担をかける事業を推進しようとし、住民はこれを見直すために住民投票の実施を求めているのである。

　住民投票が実施された多くの事例では投票結果が尊重され、民意に従って政策が変更されている（武田・前掲論文8-10頁参照）。住民投票は間接民主制の機能不全を是正し、住民代表としての議会や行政の本来の機能を回復させている。沖縄県の県民投票も住民自治を実現するこ

とにより、ひいては国政における間接民主制の機能不全を是正し、国会や内閣の本来の機能を回復させるために実施されたということができるだろう。

③ 県民投票の法的効果

　県民投票条例は「知事はその結果を尊重しなければならない」（10条2項）と規定しており、投票結果には尊重義務があるだけで法的な拘束力はない。憲法94条により条例は法律の範囲内で制定できるとされていることから、自治法などの法律で付与された知事や議会の権限を条例に基づく住民投票の結果によって拘束することができるかどうかには疑義がある。よって、辺野古県民投票を含めてこれまでに条例に基づいて実施された住民投票はすべて非拘束型である。

　しかし、公有水面埋立法（以下「公水法」という）に基づく埋立承認および設計概要変更（以下「設計変更」という）の承認は知事の権限なので、知事が投票結果を尊重して埋立承認を取消し（撤回を含む）、または設計変更承認申請を不承認とすれば、県民投票の結果には法的な効果（事実上の拘束力）が生じることになる。条例の名称を「辺野古米軍基地建設のための埋立の賛否を問う県民投票条例」としたのも、新基地建設は国の権限であるが埋立てそのものは知事の権限なので、あくまでも埋立承認等の法的効果に投票結果を反映させることを意図したからである。

　公水法4条1項は埋立承認の要件を規定しているが、同項1号は「その埋立が国土利用上適切かつ合理的であること」、同項2号は「その埋立が環境保全及び災害防止に十分配慮されたものであること」と規定している。同条1項1号および2号は設計変更承認にも準用されている（42条第3項、13条の2第2項）。

県民投票により、辺野古埋立てに対しては71.7％という県民の明確な反対の意思が示された。また、辺野古の大浦湾側には水深90mの深部に軟弱地盤（マヨネーズ状といわれている）が存在することが明らかになり、世界に例のない難工事となって膨大な費用と長期の工事期間を要することが予想されている（世界中で水深70mを超える海底を埋め立てた前例はないそうである）。地元の県民が強く反対している埋立てが国土利用上適正かつ合理的であるはずはないし、まして環境と財政に多大な負担をかけ、国が申請した設計変更後の工法によって環境破壊や災害を防止できる保証はないとすればなおさらである。

　このようにみると、玉城知事は県民投票の結果および軟弱地盤の存在を理由として、公水法4条1項1号および2号違反により、①仲井眞弘多元知事がした埋立承認を撤回する（取り消す）、②国が提出した設計変更承認申請を不承認とする、ことが考えられる。埋立承認の撤回および設計変更承認（不承認）はいずれも政策的専門的判断を必要とする玉城知事の裁量行為なので、裁判所や国土交通大臣（以下「国交大臣」という）は裁量権の逸脱濫用がある（社会通念上著しく不合理である）といえない限りは、違法とは判断できないことになる。

　ただし、このうち①については、玉城知事が埋立承認を撤回しても沖縄防衛局（以下「防衛局」という。実質的には「国」である）は国交大臣に行政不服審査法（以下「行審法」という）に基づいて審査請求と執行停止申立てを行い、国交大臣は国の身内の判断によっていずれも認容し、撤回の効果が消滅して仲井眞知事の承認の効果が復活し、工事が継続する可能性が高い。国は国民を簡易迅速に救済するための手続である行審法の審査請求を利用できないはずであり、自治法の国の関与制度によって撤回を争うべきであるが、最高裁はこのような通常の理解に反して国による審査請求を認めてしまったので（最高裁2020［令和2］年3月26日判決）、①の方法はうまく機能しないと

思われる。

　したがって、特に重要なのは②である（実は筆者自身も②の方法が
より重要であることをこれまで十分に認識していなかったのは不覚で
あった）。②の不承認は玉城知事がする処分なので、仮に防衛局が審査
請求をして国交大臣が裁決で不承認を取り消したとしても承認がなさ
れたことにはならず、防衛局（国）は変更された設計概要に基づいて
工事をすることはできない。

　よって、国としては国交大臣が承認を求める是正の指示をして、知
事は国地方係争処理委員会（以下「係争委」という）に審査の申出を
し、さらに是正の指示の取消し訴訟を提起することになる。是正の指
示の取消訴訟は国の身内の判断に過ぎない審査請求よりはるかに公正
であり、本件の本来の解決手続である。是正の指示の取消訴訟におい
ては、前記のように知事の不承認に裁量権の逸脱濫用がある場合に限
って違法となり、是正の指示が適法となる（取消請求が棄却される）
と解されるので、知事が勝訴する可能性はきわめて高くなる。設計変
更不承認処分が適法とされれば防衛局は埋立工事を継続できなくなり、
辺野古埋立てはいったん停止することになる。

4　県民投票の結果は活かされたか

　前記 3 節の検討によると、防衛局の設計変更申請に対し、軟弱地盤
の存在に対して変更内容が環境保全と災害防止に十分配慮されている
とはいえないこと（公水法 4 条 1 項 2 号違反）とともに、県民投票に
よって県民の強い反対の意思が示され、辺野古埋立てが国土利用上適
正かつ合理的とはいえないことがより明確になったこと（同項 1 号違
反）を周到に主張する必要がある。

　2021 年 11 月 25 日に玉城知事は防衛局の設計変更承認申請を不承認

とした。しかし、その理由には県民投票で反対の民意が明らかになったから埋立工事を継続するための承認申請は公水法4条1項1号に違反するという内容は含まれていなかった。

　2022年4月28日に国交大臣は知事に対して変更承認を求める是正の指示を行い、知事は係争委への審査の申出を経て是正の指示の取消訴訟を提起した。福岡高裁那覇支部2023（令和5）年3月16日判決は、沖縄県知事は埋立承認をしたのだから承認時より厳しい基準によって設計変更を不承認とすることは裁量権の逸脱濫用に当たるという信じ難い理由によって不承認を違法とし、是正の指示は適法だとして取消請求を棄却した。このような理由で不承認が違法となるとすれば、国が故意に軟弱地盤を隠蔽していたとしても知事が埋立承認をした以上は設計変更申請を承認しなければならないことになり、設計変更承認制度は無意味となるであろう。同判決も県民投票によって明確な反対の民意が示されたから変更承認は公水法4条1項1号に違反するという点には何ら触れていないので、訴状において知事はこの点を十分に主張しなかったと推測される。

　翁長雄志元知事のした埋立承認取消を違法と判断した福岡高裁那覇支部2016（平成28）年9月16日判決は、各種の選挙によって辺野古新基地建設に反対する沖縄県民の民意が示されたという知事の主張に対し、選挙の結果にはいろいろな要素があるから新基地建設に対する民意が明らかになったとはいえないと判示した。今度こそ県民投票によって新基地建設に反対する民意が明らかになったのだから、裁判所は同判決とは異なる判断をするはずである。もとより筆者は県民投票の結果を設計変更不承認処分の理由とするべきだとか、訴訟で主張するべきだと口出しする立場にはないが、この点が十分に主張されなかったことは悔やまれる。

　なぜ県民投票の結果は活かされていないのだろうか。ここで想起す

るのは、県民投票に対しては根強い反対論があったことである。元山さんたちが県民投票の実現に奔走していたころ、保守系の政治家や経済人がきわめて協力的だったのに対し、基地反対派の人々からは「県民投票は百害あって一利なし」あるいは「県民投票は過去の話だ」という消極論が続出した。その理由はおそらく、①県民投票が民意を明らかにして前記のような埋立工事の停止という法的効果を生じる可能性のあることが理解されていないか、②県民投票という若い世代を中心とした新たな住民運動が沖縄の政界再編につながる可能性を持つことに対し（山本章子「県民投票と連動？　沖縄の政界再編の行方」WEBRONZA、2018.6.8）、一部の人々が危機感を抱いたかのいずれか（または両方）ではないだろうか。

　県民投票の結果が活かされていない理由もあるいはこれらの①、②と関連しているのかもしれない。しかし、県民投票の結果を活かすことにより、党派を問わず新基地建設に反対するすべての人々の民意を工事のいったん停止という法的効果に結実させる可能性があるはずである。筆者はこのことを新聞やテレビ、各地の集会で再三再四説明してきたが、本稿によって改めて理解していただければ幸いである。

　とはいえ、投票結果を活かす最大のチャンスであった設計変更承認を求める是正の指示の取消訴訟はすでに最高裁に係属している。これからできることは限られているが、仮に最高裁が高裁判決を破棄差戻した場合には、差戻審で県民投票の結果により設計変更申請が公水法４条１項１号に違反することを２号違反とともに主張することが可能となる。

　しかし、上告棄却となった場合は是正の指示が違法ではないという判断が確定するので、設計変更申請の不承認が適法であることを主張するのは困難となろう。知事が上告審判決後も承認を拒否し、国交大臣が代執行のための裁判（自治法245条の8第3項）を提起したとし

ても、知事が主張できる内容はかなり限られると思われる。

　そうだとしても、無理のある埋立工事を続けることにより、近いうちに公水法4条1項1号および2号違反の状態が改めて出来すると予測される。その際に知事は再度の埋立承認撤回をするか、防衛局が再度の設計変更承認を申請した場合には再度の不承認処分をすることが可能となる。その後の争訟では、行審法の審査請求ではなく自治法の関与制度によって解決すべきこと、そして同項1号違反および2号違反を県民投票の結果を踏まえて周到に主張することが必要である。

　もっとも、仮に県民投票の結果を周到に主張したとしても、これまでの裁判例をみると裁判所がどのような判断をするのかは甚だ心許ない。裁判所は泥棒の処罰や借金を返済させることは本来の職責だが、民主的な正当性を欠くので国会や内閣が決定した事業を覆すことは荷が重いと考えているのかもしれない。しかし、国と地方は対等であること、埋立承認や設計変更承認は知事の権限であること、国と地方公共団体の権限行使に関する紛争は自治法の国の関与制度によって解決すべきであり、国民の簡易迅速な救済を目的とする行審法の審査請求制度によって解決すべきではないことは、いずれも国会が制定した法令の規定から明確に読み取れるはずである。しかも、辺野古埋立てが沖縄県民の民意に反することは県民投票によって明確に示されたのである。

　それにもかかわらず、法令の趣旨や従来の判例に反し、沖縄県民の民意にも反する判断を続けることは、法治主義の担い手としての責務を放棄し、政治や行政の劣化に加担することになる。それこそ民主的正当性を欠くというべきであろう。

おわりに

徳田博人（琉球大学教授）

　沖縄には、「命どぅ宝」、「沖縄を再び戦場にしない」、「敵であれ、味方であれ、人間を人間でなくしてしまうのが戦争だ（軍隊・軍事権力は、国は守っても住民は守らない）」、といった「いのちの地域思想（民衆知）」が、沖縄の地域や自治の基盤になっている。その思想の背景には、沖縄戦や米軍施政下の沖縄の歴史がある。沖縄戦（1945年3月末から6月末）では、日本軍は「軍官民共生共死」の方針をたて、「集団自決」を強制し、沖縄と住民を破壊し、危険にさらす存在でもあった。米国の施政（軍政）下にあっては、沖縄の人々は、軍事優先の政治行政・生活空間の下で、基地に起因するさまざまな危険にさらされ、基地があるがゆえに人権が著しく制限されていた。

　米軍・軍政権力のもつ圧倒的な物理力からすれば、沖縄の人々は、確かに弱者であった。しかし、人々は、平和を願い、自由を実現するために、何が必要なのかを学び、自らを律しながら行動することのできる、強者であろうとする弱者であり、彼らは民主主義を武器に連帯して闘うなかで、軍政権力から住民のいのちや生活を守るための住民による自治権（「主席公選」など）を獲得してきた。この経験や精神は、辺野古の闘いにも受け継がれている。

　本土復帰に際して沖縄の声を日本政府と国会に届けるために作成された「復帰措置に関する建議書」（1971年11月）では、沖縄が、「国家権力や基地権力の犠牲となり手段となって利用」されてきたこと、そのような構造からの脱却の必要性が述べられている。そのためには、

何よりも、県民の福祉（いのち）を優先すること、そして、地域住民に根差した地方自治の確立と、反戦平和の理念を貫き、基本的人権を保障し、県民本位の経済開発を目指すことが宣言されている。しかも、これらを実現することが結果的に、健全な国家（権力）を作り出す原動力になる、と言い切る。換言すると、住民のいのちを危険にさらしたり、特定の人々や地域に犠牲を強要したりする公権力は、国であれ自治体であれ健全でない（正統性を失う）ことになろう。正統性を失った（または失いつつある）国家（権力）と対抗し、国家（権力）を健全な国家（権力）とするために、いのちの地域思想を基盤として、住民の、住民による、住民のための自治を実践すること、これを「誇りある自治」と呼びたい。これが本書を編集するにあたっての私の思いであり、本書の表題を「辺野古裁判と沖縄の誇りある自治」とした理由もそこにある。

　ところで、本書では、県による埋立変更不承認処分を巡り、県が国の関与取消しを求めた２件の訴訟について、県の訴えを退けた福岡高裁判決を中心に検証し、さまざまな問題点を指摘した。上告審である最高裁が、どのような判断をするにせよ、判決の結果、つまり、勝ったか負けたか、そのことだけで評価するのではなく、最高裁判決の内容が、憲法や法の原理原則に即した内容であり、あやまった事実を根拠として下されたことは少しもないのか否か、そういう視点から評価されるべきであろう。事実を適正に認定せず、憲法や法の原理原則の観点から問題のある判決は、権威のない判決となるであろうし、そうすべき方向での動きとなるであろう。

　加えて、最高裁判決が、地域の住民のいのちや生活、人権に関わる問題に、どのような判断をしたのか、つまり、政府・国の省庁の判断に追随するだけなのか、それとも沖縄における米軍基地の現状（沖縄に対する犠牲強要の構造）を改善する判断（またはその方向性）が示

されているのか、そういう視点からの評価も重要である。

[謝辞]
　本書は、最高裁判所の判決の前に、これまでの法廷闘争の到達点と
司法の立ち位置を問うべく、第1部に掲載したシンポジウム（辺野古
訴訟支援研究会主催）の終了後に企画された。そのため、玉城デニー
沖縄県知事をはじめ第1部のシンポジウムの登壇者、第2部の執筆者
の方々には、いろいろとご無理を申しあげることになった。とりわけ
立石雅昭新潟大学名誉教授、川津知大弁護士には、シンポジウムとは
別にご寄稿いただいた。関係者の皆様にはお詫びとともに、協力に感
謝申しあげる。
　ところで、シンポジウムの開催に当たっては、共催団体のオール沖
縄会議に会場の準備から録音の文字起こしまですべての面でお世話い
ただいた。献身的な支援に心から敬意と感謝の意を表するとともに、
今後ともわたしども支援研究会へのご助力をお願いする次第である。
　また、本書の出版については、設立趣旨に沿うものとして、辺野古
基金から多大な援助をいただいた。記して謝意を示したい。
　最後に、企画の詰めの甘さにより、編集作業に当たられた自治体研
究社の寺山浩司氏にはひとかたならぬご苦労をおかけした。心からお
礼を申しあげる。

資料編

最高裁判所第1小法廷 2022（令和4）年 12 月 8 日判決（全文）
福岡高等裁判所那覇支部 2023（令和5）年 3 月 16 日判決（骨子）
訴訟の経過
訴訟関連年表

辺野古ゲート前の国道を埋めつくすダンプ・トラック
（2018 年 4 月 23 日、平良暁志撮影）

最高裁判所第1小法廷2022（令和4）年12月8日判決（全文）

令和4年（行ヒ）第92号　公有水面埋立承認取消処分取消裁決の取消請求事件
令和4年12月8日　第一小法廷判決

　　　　　　　　　主　　　　文
　　本件上告を棄却する。
　　上告費用は上告人の負担とする。
　　　　　　　　　理　　　　由
上告代理人加藤裕ほかの上告受理申立て理由について
　　1　沖縄県副知事は、上告人の執行機関として、沖縄防衛局に対し、普天間飛行場の代替施設を沖縄県名護市辺野古沿岸域に設置するための公有水面の埋立て（以下「本件埋立事業」という。）に関してされた公有水面埋立法42条1項に基づく承認につき、事後に判明した事情等を理由とする取消し（以下「本件承認取消し」という。）をしたが、国土交通大臣は、地方自治法255条の2第1項1号の規定（以下「本件規定」という。）による同局の審査請求を受けて、本件承認取消しを取り消す裁決（以下「本件裁決」という。）をした。本件は、上告人が、同大臣の所属する行政主体である被上告人を相手に、本件裁決の取消しを求める事案である。
　　2　原審の適法に確定した事実関係等の概要は、次のとおりである。
　⑴　公有水面埋立法42条1項の規定により都道府県が処理することとされている事務は法定受託事務である（同法51条1号、地方自治法2条9項1号）ところ、本件規定は、法定受託事務に係る都道府県知事その他の都道府県の執行機関の処分についての審査請求は、他の法律に特別の定めがある場合を除くほか、当該処分に係る事務を規定する法律又はこれに基づく政令を所管する各大臣（国家行政組織法5条1項に規定する各省大臣等をいう。以下同じ。）に対してするものとする旨を規定する。
　⑵　沖縄防衛局は、我が国とアメリカ合衆国との間で返還の合意がされた沖縄県宜野湾市所在の普天間飛行場の代替施設を設置するため、平成25年3月22日、沖縄県知事に対し、同県名護市辺野古に所在する辺野古崎地区及びこれに隣接す

る水域の公有水面の埋立て（本件埋立事業）の承認を求めて、公有水面埋立承認願書を提出した。当時の沖縄県知事は、この出願につき、公有水面埋立法4条1項各号の要件に適合すると判断して、同年12月27日、同法42条1項に基づく承認をした。

(3) 沖縄県副知事は、沖縄県知事の職務代理者（地方自治法152条1項）から同法153条1項に基づく委任を受け、平成30年8月31日、沖縄防衛局に対し、前記承認の後に判明した事情によれば本件埋立事業は公有水面埋立法4条1項1号及び2号の各要件に適合していないこと等を理由として、前記承認を取り消した（本件承認取消し）。

(4) 沖縄防衛局は、本件承認取消しに不服があるとして、平成30年10月17日、本件規定により、国土交通大臣に対して審査請求をした。同大臣は、平成31年4月5日付けで、本件承認取消しは違法かつ不当であるとして、これを取り消す裁決（本件裁決）をした。

(5) 上告人は、本件裁決に不服があるとして、令和元年8月7日、被上告人を相手に、本件裁決の取消しを求める本件訴えを提起した。

3 (1) 本件裁決は、法定受託事務に係る上告人の執行機関の処分である本件承認取消しについて、その相手方である沖縄防衛局がした本件規定による審査請求を受けて、公有水面埋立法を所管する国土交通大臣によりされたものである。

(2)ア 行政不服審査法は、行政庁の違法又は不当な処分その他公権力の行使に当たる行為に関し、国民が簡易迅速かつ公正な手続の下で広く行政庁に対する不服申立てをすることができるための制度を定めることにより、国民の権利利益の救済を図るとともに、行政の適正な運営を確保することを目的とするものである（同法1条）。同法により、行政庁の処分の相手方は、当該処分に不服がある場合には、原則として、処分をした行政庁（以下「処分庁」という。）に上級行政庁がない場合には当該処分庁に対し、それ以外の場合には当該処分庁の最上級行政庁に対して審査請求をすることができ（同法2条、4条）、審査請求がされた行政庁（以下「審査庁」という。）がした裁決は、当該審査庁が処分庁の上級行政庁であるか否かを問わず、関係行政庁を拘束するものとされている（同法52条1項）。

イ 都道府県知事その他の都道府県の執行機関の処分についての審査請求は、上記アの行政不服審査法の定めによれば、原則として当該都道府県知事に対してすべきこととなるが、その例外として、当該処分が法定受託事務に係るものである場合には、本件規定により、他の法律に特別の定めがある場合を除くほか、当

該処分に係る事務を規定する法律又はこれに基づく政令を所管する各大臣に対してすべきものとされている。その趣旨は、都道府県の法定受託事務に係る処分については、当該事務が「国が本来果たすべき役割に係るものであって、国においてその適正な処理を特に確保する必要があるもの」という性質を有すること（地方自治法2条9項1号）に鑑み、審査請求を国の行政庁である各大臣に対してすべきものとすることにより、当該事務に係る判断の全国的な統一を図るとともに、より公正な判断がされることに対する処分の相手方の期待を保護することにある。

　また、本件規定による審査請求に対する裁決は、地方自治法245条3号括弧書きの規定により、国と普通地方公共団体との間の紛争処理（同法第2編第11章第2節第1款、第2款、第5款）の対象にはならないものとされている。その趣旨は、処分の相手方と処分庁との紛争を簡易迅速に解決する審査請求の手続における最終的な判断である裁決について、更に上記紛争処理の対象とすることは、処分の相手方を不安定な状態に置き、当該紛争の迅速な解決が困難となることから、このような事態を防ぐことにあるところ、処分庁の所属する行政主体である都道府県が審査請求に対する裁決を不服として抗告訴訟を提起することを認めた場合には、同様の事態が生ずることになる。

　ウ　以上でみた行政不服審査法及び地方自治法の規定やその趣旨等に加え、法定受託事務に係る都道府県知事その他の都道府県の執行機関の処分についての審査請求に関し、これらの法律に当該都道府県が審査庁の裁決の適法性を争うことができる旨の規定が置かれていないことも併せ考慮すると、これらの法律は、当該処分の相手方の権利利益の簡易迅速かつ実効的な救済を図るとともに、当該事務の適正な処理を確保するため、原処分をした執行機関の所属する行政主体である都道府県が抗告訴訟により審査庁の裁決の適法性を争うことを認めていないものと解すべきである。

　(4)　そうすると、<u>本件規定による審査請求に対する裁決について、原処分をした執行機関の所属する行政主体である都道府県は、取消訴訟を提起する適格を有しないものと解するのが相当である。</u>

　4　したがって、本件規定による審査請求に対してされた本件裁決について、原処分である本件承認取消しをした執行機関の所属する行政主体である上告人は、取消訴訟を提起することができない。

　5　以上によれば、上告人が提起した本件裁決の取消しを求める本件訴えを却下すべきものとした原審の判断は、結論において是認することができる。論旨は

採用することができない。

　よって、裁判官全員一致の意見で、主文のとおり判決する。

（裁判長裁判官　山口　厚　裁判官　深山卓也　裁判官　安浪亮介　裁判官　岡正晶　裁判官　堺　徹）

福岡高等裁判所那覇支部 2023（令和 5）年 3 月 16 日判決（骨子）

令和 4 年（行ケ）第 2 号地方自治法第 251 条の 5 に基づく
違法な国の関与（裁決）の取消請求事件
[判決骨子]

1　事案の概要

　本件は、原告（沖縄県知事）が、沖縄県宜野湾市所在の普天間飛行場の代替施設を同県名護市辺野古沿岸域に設置するための公有水面の埋立てに関し沖縄防衛局がした埋立地用途変更・設計概要変更承認申請（本件変更承認申請）につき、不承認処分（本件変更不承認処分）を行ったところ、その後、被告（国土交通大臣）が行政不服審査法（行審法）に基づき上記処分を取り消す旨の裁決（本件裁決）をしたことに関し、本件裁決が無効であり、違法な関与に当たると主張して、地方自治法 251 条の 5 第 1 項に基づき、その取消しを求める事案である。

2　当裁判所の判断の骨子

　当裁判所は、以下のとおり判断し、本件裁決は有効であり、関与取消訴訟の対象となる「国の関与」に当たらないから、原告の訴えは不適法なものであるとして、却下した。

⑴　国の機関等が受ける変更承認に係る処分（公有水面埋立法 13 条ノ 2、42 条3 項）は、一般私人が受ける場合との比較において処分要件等に実質的な差異があるとはいえないため、一般私人が立ち得ないような立場において相手方となるものとはいえず、行審法 7 条 2 項にいう「固有の資格」において処分の相手方となるものではないから、本件変更不承認処分を取り消す旨の本件裁決は、行審法に基づく審査請求に対する裁決に当たる。

⑵　法定受託事務に係る都道府県知事の処分について国の機関から審査請求がされた場合において、所管大臣が審査庁となり得ないと解することはできない。

⑶　本件裁決につき、審査庁としての立場を放棄し行政不服審査に名を借りた権限の濫用があると認めることはできない。

以上

令和4年（行ケ）第3号地方自治法第251条の5に基づく
違法な国の関与（是正の指示）の取消請求事件
［判決骨子］

1　事案の概要

　本件は、原告（沖縄県知事）が沖縄県宜野湾市所在の普天間飛行場の代替施設を
同県名護市辺野古沿岸域に設置するための公有水面の埋立てに関し沖縄防衛局が
した埋立地用途変更・設計概要変更承認申請（本件変更承認申請）につき、不承認
処分（本件変更不承認処分）を行ったところ、その後、被告（国土交通大臣）が
行政不服審査法（行審法）に基づき上記処分を取り消す旨の裁決（本件裁決）を
行うとともに、沖縄県に対して本件変更承認申請を承認するよう是正の指示（本
件是正の指示）をしたことに関し、同指示が違法無効であると主張して、地方自
治法251条の5第1項に基づき、その取消しを求める事案である。

2　当裁判所の判断の骨子

　当裁判所は、以下の(1)の判断を前提とし、本件変更不承認処分の適否につき以
下の(2)から(5)までのとおり判断して、同処分には裁量権の逸脱又は濫用の違法が
あるとした本件是正の指示が適法であると認め、原告の請求を棄却した。

(1)　裁決と是正の指示とは、制度の目的、規律する法律関係及び法的効果を異に
　するものである。原告が、本件変更不承認処分の処分理由を本件是正の指示の
　取消しを求める本件訴訟において主張することは、本件裁決の拘束力（行審法
　52条）によって制限されない。（争点1）。

　　本件裁決に無効事由はなく（争点2）、本件裁決に重ねて本件是正の指示を行
　うこと自体は権限の濫用とはいえない（争点3）。

(2)　災害防止要件（公有水面埋立法4条1項第2号）に係る判断においては、海
　底等の地盤条件に関する情報に不確定性があることが前提とされ、また、護岸
　の設計については、港湾法所定の技術基準への適合性が求められ、この技術基
　準を具体化したものとして一般的な合理性を有する「港湾基準・同解説」が記
　述する性能照査の手法等に照らして、不合理な点がないかが審査される。

　　軟弱地盤の判明に伴って行われた本件の設計変更の内容は、上記の手法等に
　沿ったものであると認められる。

　　原告の処分理由は、①護岸直下の最深部を含む B-27 地点の力学的試験を欠

くことや、②施工時の安定性照査での調整係数の設定の誤りを指摘するが、上記の性能照査の手法等を超えてより厳格な審査を行うものであり、裁量権の逸脱又は濫用がある（争点4）。

(3) 変更申請における環境保全要件（同項第2号）に係る判断においては、当初の承認処分において適法とされた環境保全配慮の水準につき、その見直しを必要とするような知見の進展、地域特性の変容及び工事内容の変更等がもたらす重要な変化の有無の審査がされる。

　原告の処分理由は、①ジュゴンの生息状況の変化や、②地盤改良工事に伴う海底面変更範囲の拡大を指摘するが、上記の重要な変化に当たるものとは認められず、裁量権の逸脱又は濫用がある（争点5）。

(4) 変更申請における「国土利用上適正且合理的ナルコト」（同項第1号）に係る判断においては、当初の承認処分において種々の考慮要素を総合考慮しその適合性が認められたことを前提として、各考慮要素における重要な変化の有無の審査がされる。

　①本件変更承認申請の内容は、上記の考慮要素に重要な変化をもたらすものではなく、②完成までにさらに約9年1月の工程を要することになったとしても、普天間飛行場の危険性を早急に除去するという本件埋立事業の政策課題と整合しなくなったとはいえないから、第1号要件を欠くとする原告の主張は、合理性を欠き、裁量権の逸脱又は濫用がある（争点6及び7）。

(5) 埋立地の用途や設計の概要の変更に関する「正当ノ事由」（13条ノ2第1項）に係る判断においては、当初の承認処分が適法であることを前提として、変更という形式で工事内容等を変更することの可否の審査がされる。

　当初の出願時における地盤に関する調査不足を理由として「正当ノ事由」を欠くとする原告の主張は、原告が当初の承認処分において専門的知見に基づく検討を経た上で災害防止要件に適合すると判断していた以上、合理性を欠き、裁量権の逸脱又は濫用がある（争点8）。

以上

訴訟の経過

1 埋立承認の取消処分等をめぐる裁判

	埋立承認取消処分			
提訴日	2015 年 11 月 17 日	2015 年 12 月 25 日	2016 年 2 月 1 日	2016 年 7 月 22 日
事件名	代執行訴訟	執行停止取消訴訟	国の関与取消訴訟	不作為違法確認訴訟
原告	国（国土交通大臣）	沖縄県（知事）	沖縄県（知事）	国（国土交通大臣）
請求内容	国交大臣が知事による取消処分の取消しを請求	知事が国交大臣による行政不服審査手続での執行停止決定の取消しを請求	知事が国交大臣による行政不服審査手続での執行停止決定の取消しを請求	国交大臣が、取消処分の取消しの指示に知事が応じないことの違法確認を請求
結果（沖縄県）	2016 年 3 月 4 日和解（高裁）			2016 年 12 月 20 日敗訴（最高裁 2 小）

2 埋立承認処分の撤回処分をめぐる裁判

	埋立承認撤回処分		
提訴日	2019 年 3 月 22 日	2019 年 7 月 17 日	2019 年 8 月 7 日
事件名	国の関与取消訴訟	国の関与取消訴訟	裁決取消訴訟（抗告訴訟）
原告	沖縄県（知事）	沖縄県（知事）	沖縄県（知事）
請求内容	知事が国交大臣による行政不服審査手続での執行停止決定の取消しを請求	知事が国交大臣による是正指示の取消しを請求	知事が国交大臣による撤回処分取消裁決の取消しを請求
結果（沖縄県）	取り下げ	2020 年 3 月 26 日敗訴（最高裁 1 小）	2022 年 12 月 8 日敗訴（最高裁 1 小）

3 設計概要変更不承認処分をめぐる裁判

	設計概要変更不承認処分		
提訴・申立日	2022 年 8 月 12 日	2022 年 8 月 24 日	2022 年 9 月 30 日
事件名	国の関与（裁決）取消訴訟	国の関与（是正の指示）取消訴訟	裁決取消訴訟（抗告訴訟）
原告	沖縄県（知事）	沖縄県（知事）	沖縄県
請求内容	国交大臣による変更不承認処分取消裁決の取消しを請求	国交大臣による変更承認処分を命ずる是正の指示の取消しを請求	国交大臣による変更不承認処分取消裁決の取消しを請求
結果（沖縄県）	2023 年 3 月 16 日　敗訴　2023 年 4 月 10 日　上告受理申立		那覇地裁にて審理中（2023 年 6 月現在）

4 埋立工事をめぐる裁判

	岩礁破砕行為	JPKI 地区サンゴ特別採捕許可		DENH 地区サンゴ特別採捕許可
提訴・審査請求日	2017 年 7 月 24 日	2020 年 7 月 22 日	2021 年 8 月 2 日	2022 年 9 月 20 日
事件名	岩礁破砕差止訴訟	国の関与取消訴訟	行政不服審査請求	行政不服審査請求
原告・審査請求人	沖縄県	沖縄県（知事）	沖縄防衛局	沖縄防衛局
請求内容	県が、岩礁破砕許可を得ないで防衛局が工事をなすことの差止めを請求	農林水産大臣が県に行ったサンゴ特別採捕許可の指示の取消しを請求	知事が左記許可につき条件違反としてした取消処分の取消しを請求	知事がしたサンゴ特別採捕不許可処分の取消しを請求
経過	2018 年 12 月 5 日敗訴（高裁）、同年 12 月 19 日上告受理申立て、2019 年 3 月 29 日取下げ	2021 年 7 月 6 日敗訴（最高裁 3 小）（宇賀・宮崎反対意見あり）、同年 7 月 28 日知事条件付許可	2021 年 12 月 28 日農林水産大臣取消裁決	2022 年 12 月 16 日農林水産大臣取消裁決 2023 年 3 月 29 日農林水産大臣是正の指示

出所：川津知大「住民の辺野古訴訟の現状と課題」けーし風 117 号（2023 年）82-83 頁の図表（編者において加筆修正）。

訴訟関連年表

2013 年

3 月 11 日　名護漁業協同組合が、埋立予定区域につき漁業権の一部放棄を決議

3 月 22 日　沖縄防衛局（以下「沖防局」）が、普天間飛行場の代替施設（新基地）の建設のため、名護市辺野古沿岸域の公有水面埋立承認処分を出願

9 月　1 日　沖縄県が、名護漁業協同組合の漁業権を定期更新

12 月 27 日　仲井眞弘多沖縄県知事が、出願について承認処分（以下「承認処分」）

2014 年

7 月 22 日　日本政府・防衛省が、臨時制限区域を設定

2015 年

7 月 16 日　翁長雄志沖縄県知事（以下「翁長知事」）により設置された「普天間飛行場代替施設移設事業に係る公有水面埋立承認手続に関する第三者委員会」が、承認処分に法的瑕疵がある旨を答申

10 月 13 日　翁長知事が、承認処分を取り消す処分（以下「承認取消処分」）

10 月 14 日　沖防局が、国土交通大臣（以下、「国交大臣」）に、承認取消処分を取り消す裁決を求める審査請求および承認取消処分の効力の執行停止を申立て

10 月 23 日　行政法研究者が、「辺野古埋立承認問題における政府の行政不服審査制度の濫用を憂う」声明を発表

10 月 27 日　内閣が、地方自治法に基づく代執行等の手続に着手する旨を閣議了解。また、承認取消処分について国交大臣が、執行停止を決定

10 月 28 日　承認取消処分について国交大臣が、翁長知事に対し同取消処分の取消しをするよう勧告

11 月　2 日　執行停止決定について翁長知事が、国地方係争処理委員会（以下「係争委」）に審査を申出

11 月　9 日　承認取消処分について国交大臣が、翁長知事に対し同取消処分を取り消すよう指示

11 月 17 日　承認取消処分の取消しについて国交大臣が、代執行訴訟を提起

12 月 24 日　執行停止決定について係争委が、審査の申出を却下（通知は 28 日付）

12月25日　執行停止決定について沖縄県が、取消訴訟（抗告訴訟）を提起

2016年

2月 1日　執行停止決定について翁長知事が、係争委決定を不服として関与取消訴訟を提起

3月 4日　翁長知事と国交大臣との和解が、福岡高等裁判所那覇支部（以下「福岡高裁」）にて成立

3月 7日　承認処分の取消について国交大臣が、理由を付さずに、同取消処分の取消しをするよう是正を指示

3月16日　国交大臣が、理由付記のない是正の指示を撤回し、改めて理由を付して承認取消処分の取消しをするよう是正の指示（以下「承認取消処分取消指示」）

3月23日　承認取消処分取消指示について翁長知事が、係争委に審査の申出

6月20日　承認取消処分取消指示の審査の申出について係争委が、法令適合性を判断せず、協議を促す旨を通知。
　　　　　県が、「係争委の結論を尊重する」として国に対し協議を要請

7月22日　国交大臣が、承認取消処分取消指示の不服従を違法として、不作為の違法確認訴訟を提起

9月16日　不作為の違法確認訴訟について福岡高裁が、国の請求を認容

9月23日　翁長知事が、福岡高裁判決を不服として上告

11月25日　名護漁業協同組合が、臨時制限区域につき漁業権の一部放棄を決議

12月20日　最高裁判所（以下「最高裁」）第2小法廷が、翁長知事の上告を棄却

12月26日　承認取消処分について翁長知事が、同取消処分の取消しを沖防局に通知

2017年

1月 4日　沖防局が、埋立工事を再開

2月 3日　沖縄県が、沖防局に、組合の漁業権の一部放棄には変更免許が必要であり、埋立工事をするために岩礁破砕許可が必要である旨を通知

3月31日　岩礁破砕許可期間満了

4月 5日　沖縄県が、沖防局に岩礁破砕許可を受けるよう通知

4月 6日　沖防局が、漁業権が放棄された場合、岩礁破砕許可を不要と通知、工

事を続行

7月24日　沖縄県が、岩礁破砕差止訴訟等を提起。併せて判決が出るまで工事を止める仮処分の申立て

2018 年

3月13日　岩礁破砕差止訴訟等および仮処分の申立てについて那覇地方裁判所（以下「那覇地裁」）が、差止請求等及び仮処分の申立てを却下

3月23日　沖縄県が、那覇地裁判決を不服として福岡高裁に控訴

7月27日　翁長知事が、承認処分を撤回する意向を表明

8月 8日　翁長知事、死去

8月31日　謝花喜一郎副知事が、承認処分を撤回する処分（以下「承認撤回処分」）

10月17日　承認撤回処分について沖防局が、国交大臣に対して審査請求・執行停止の申立て

10月30日　承認撤回処分について国交大臣が、執行停止を決定

11月29日　承認撤回処分の執行停止決定について玉城デニー沖縄県知事（以下「玉城知事」）が、係争委に審査の申出

12月 5日　岩礁破砕差止訴訟等について福岡高裁が、沖縄県の控訴を棄却

12月19日　沖縄県が、福岡高裁判決を不服として上告。

2019 年

2月18日　承認撤回処分の執行停止決定について係争委が、玉城知事の審査の申出を却下（通知は19日付）

3月22日　承認撤回処分の執行停止決定について玉城知事が、係争委決定を不服として関与取消訴訟を提起

3月29日　岩礁破砕差止訴訟等について沖縄県が、上告を取下げ

4月 5日　国交大臣が、承認撤回処分を取り消す裁決（以下「承認撤回処分取消裁決」）

4月22日　承認撤回処分取消裁決について玉城知事が、係争委に審査の申出

4月26日　沖防局が、小型サンゴ類（JPK 地区）の特別採捕許可を申請

6月17日　承認撤回処分取消裁決について係争委が、玉城知事の審査の申出を却下

7月17日　承認撤回処分取消裁決について玉城知事が、係争委決定を不服として関与取消訴訟を提起

7月22日　沖防局が、小型サンゴ類（I地区）の特別採捕許可を申請

8月 7日　沖縄県が、承認撤回処分取消裁決の取消訴訟（抗告訴訟）を提起

10月23日　承認撤回処分取消裁決の関与取消訴訟について福岡高裁が、玉城知事の訴えを却下

10月30日　承認撤回処分取消裁決の関与取消訴訟について玉城知事が、福岡高裁判決を不服として上告

2020年

2月28日　農林水産大臣（以下「農水大臣」）が、サンゴ類（JPK地区およびI地区）特別採捕許可をするよう是正の指示（以下「JPKI地区サンゴ特別採捕許可指示」）

3月26日　承認撤回処分取消裁決の関与取消訴訟について最高裁第1小法廷が、沖縄県の上告を棄却

3月30日　JPKI地区サンゴ採捕許可指示について玉城知事が、係争委に審査の申出

4月21日　沖防局が、設計概要等の変更について承認処分を申請

6月19日　JPKI地区サンゴ許可指示について係争委が、玉城知事の審査の申出を棄却

7月22日　JPKI地区サンゴ許可指示について玉城知事が、係争委の決定を不服として関与取消訴訟を提起

11月27日　承認撤回処分取消裁決の取消訴訟（抗告訴訟）について那覇地裁が、沖縄県の訴えを却下

12月11日　承認撤回処分取消裁決の取消訴訟（抗告訴訟）について沖縄県が、那覇地裁判決を不服として控訴

2021年

2月 3日　JPKI地区サンゴ特別採捕許可指示の関与取消訴訟（以下「JPKI地区サンゴ関与取消訴訟」）について福岡高裁が、玉城知事の訴えを棄却

2月10日　JPKI地区サンゴ関与取消訴訟について玉城知事が、福岡高裁判決を不服として上告

7月 6日　JPKI 地区サンゴ関与取消訴訟について最高裁第3小法廷が、玉城知事の上告を棄却（宇賀・宮崎反対意見あり）

7月28日玉城知事が、JPKI 地区サンゴ類特別採捕許可申請を、条件付きで許可（以下「JPKI 地区サンゴ特別採捕許可」）

7月30日　JPKI 地区サンゴ特別採捕許可について玉城知事が、条件違反を理由に許可を取り消す処分（以下「JPKI 地区サンゴ特別採捕許可取消処分」）

8月 2日　JPKI 地区サンゴ特別採捕許可取消処分について沖防局が、農水大臣に対し審査請求および執行停止の申立

11月25日　玉城知事が、設計概要等の変更についての承認処分の申請に対して変更不承認処分（以下「変更不承認処分」）

12月 7日　変更不承認処分について沖防局が、国交大臣に対して審査請求

12月15日　承認撤回処分取消裁決の取消訴訟（抗告訴訟）について福岡高裁が、沖縄県の控訴を棄却

12月28日　承認撤回処分取消裁決の取消訴訟（抗告訴訟）について沖縄県が、福岡高裁の判決を不服として上告。
　　　　　JPKI 地区サンゴ特別採捕許可取消処分の審査請求について農水大臣が、同許可取消処分を取り消す裁決

2022年

4月 8日　国交大臣が、変更不承認処分を取り消す裁決（以下「変更不承認処分取消裁決」）

4月28日　国交大臣が、変更承認処分申請を承認するよう是正の指示（以下「変更承認指示」）

5月 9日　変更不承認処分取消裁決について玉城知事が、係争委に審査の申出

5月30日　変更承認指示について玉城知事が、係争委に審査の申出

7月12日　変更不承認処分取消裁決について係争委が、玉城知事の審査の申出を却下

7月22日　沖防局が、小型サンゴ類（DENH 地区）およびショウガサンゴ、大型サンゴ特別採捕許可（以下「DENH 地区サンゴ特別採捕許可」）を申請

8月12日　変更不承認処分取消裁決について玉城知事が、係争委決定を不服として関与取消訴訟を提起

8月19日　変更承認指示について係争委が、玉城知事の審査の申出を却下

8 月 24 日　変更承認指示について玉城知事が、係争委決定を不服として関与取消訴訟を提起
8 月 30 日　変更不承認処分取消裁決について沖縄県が、取消訴訟（抗告訴訟）を提起
9 月　5 日　沖縄県が、DENH 地区サンゴ採捕許可申請を不許可（以下「DENH 地区特別サンゴ採捕不許可処分」）
9 月 20 日　DENH 地区特別サンゴ採捕不許可処分について沖防局が、農水大臣に審査請求
9 月 30 日　変更不承認処分取消裁決について沖縄県が、取消訴訟（抗告訴訟）を提起
12 月　8 日　承認撤回処分取消裁決の取消訴訟（抗告訴訟）について最高裁第 1 小法廷が、上告棄却
12 月 22 日　DENH 地区サンゴ採捕不許可処分の審査請求について農水大臣が、同不許可処分を取り消す裁決

2023 年

3 月 16 日　変更不承認処分取消裁決の関与取消訴訟について福岡高裁が、玉城知事の訴えを却下。変更承認指示の関与取消訴訟について福岡高裁が、玉城知事の訴えを棄却
3 月 23 日　変更不承認処分取消裁決の関与取消訴訟および変更承認指示の関与取消訴訟について玉城知事が、福岡高裁判決を不服として上告
3 月 29 日　農水大臣が、DENH 地区サンゴ特別採捕許可をするよう是正の指示（以下「DENH 地区サンゴ特別採捕許可指示」）
5 月　1 日　DENH 地区サンゴ特別採捕許可指示について玉城知事が、係争委に審査の申出

編者

紙野健二（かみの・けんじ）名古屋大学名誉教授

本多滝夫（ほんだ・たきお）龍谷大学法学部教授

徳田博人（とくだ・ひろと）琉球大学人文社会学部教授

辺野古裁判と沖縄の誇りある自治
　—検証　辺野古新基地建設問題—

2023 年 7 月 20 日　　初版第 1 刷発行

　　　　　　　編　者　紙野健二・本多滝夫・徳田博人

　　　　　　　発行者　長平　弘

　　　　　　　発行所　㈱自治体研究社
　　　　　　　　　　　〒162-8512 東京都新宿区矢来町 123　矢来ビル 4 F
　　　　　　　　　　　TEL：03·3235·5941／FAX：03·3235·5933
　　　　　　　　　　　https://www.jichiken.jp/
　　　　　　　　　　　E-Mail：info@jichiken.jp

ISBN978-4-88037-755-1 C0036　　　　　　印刷・製本／モリモト印刷株式会社
　　　　　　　　　　　　　　　　　　　　　　　　　DTP／赤塚　修

Q&A 辺野古から問う日本の地方自治

本多滝夫・白藤博行・亀山統一・前田定孝・徳田博人著　定価1222円
辺野古新基地建設をめぐる沖縄県民の民意は明らかに建設反対。日本政府は新基地ありきで強引に政策を進める。これは地方自治の無視であり冒瀆である。沖縄で進行している事態をQ&A形式で分りやすく解説。

翁長知事の遺志を継ぐ
──辺野古に基地はつくらせない

宮本憲一・白藤博行編著　定価660円
「日本には、本当に地方自治や民主主義は存在するのでしょうか。沖縄県にのみ負担を強いる今の日米安保体制は正常なのでしょうか。国民の皆様すべてに問いかけたいとおもいます」。故翁長知事の遺志を継ぐ。

平和で豊かな沖縄をもとめて
──「復帰50年」を問う

おきなわ住民自治研究所編　定価1320円
沖縄県民が「祖国復帰」に込めた願いは「基地のない平和で豊かな沖縄」の実現にあった。現実は、新基地建設や台湾有事に備える自衛隊と米軍の施設整備強化が進行し、日本全体が直面する危機を告げている。

基地と財政
──沖縄に基地を押しつける「醜い」財政政策

川瀬光義著　定価1760円
「日本人は醜い──沖縄に関して、私はこう断言することができる」（大田昌秀『醜い日本人』）。日本問題である基地問題を沖縄に押しつけ、政府は沖縄の同意を得るために財政政策を講じてきた。その実態を示す。